2021年
国网甘肃省电力公司
高、低压客户智能交费远程停复电
工作流程培训教材

国网甘肃省电力公司市场营销事业部 编

企业管理出版社
ENTERPRISE MANAGEMENT PUBLISHING HOUSE

图书在版编目（CIP）数据

2021年国网甘肃省电力公司高、低压客户智能交费远程停复电工作流程培训教材/国网甘肃省电力公司市场营销事业部编．--北京：企业管理出版社，2022.5

ISBN 978-7-5164-2601-2

Ⅰ．①2… Ⅱ．①国… Ⅲ．①智能控制—用电管理—岗位培训—教材 Ⅳ．① TM92-39

中国版本图书馆 CIP 数据核字（2022）第 062658 号

书　　名：	2021年国网甘肃省电力公司高、低压客户智能交费远程停复电工作流程培训教材
书　　号：	ISBN 978-7-5164-2601-2
作　　者：	国网甘肃省电力公司市场营销事业部
选题策划：	周灵均
责任编辑：	张　羿　周灵均
出版发行：	企业管理出版社
经　　销：	新华书店
地　　址：	北京市海淀区紫竹院南路17号　邮　　编：100048
网　　址：	http://www.emph.cn　电子信箱：26814134@qq.com
电　　话：	编辑部（010）68456991　发行部（010）68701816
印　　刷：	北京虎彩文化传播有限公司
版　　次：	2022年5月第1版
印　　次：	2022年5月第1次印刷
开　　本：	710mm×1000mm　1/16
印　　张：	14
字　　数：	160千字
定　　价：	68.00元

版权所有　翻印必究·印装有误　负责调换

编委会

主　编　行　舟
副主编　王林信　赵长军　罗世刚　牛威如
成　员　黎启明　台树杰　丁筱筠　周盛成　张龙基

编写组

组　长　黎启明
副组长　台树杰　丁筱筠　魁发鹏
成　员　薛　艳　卢建伟　周　健　费　玮　刘　蕊
　　　　魏　凯　薛　丽　李　玲　靳文丽　康　丽
　　　　石彦吉　李　岩　米　强　杨　洁　王文凯
　　　　杨欣蓉　赵　华　司健宏　王高红　李满明
　　　　汪　岩　张　闯　宋　彤　马　蓉　刘伟东
　　　　胡　莹　石雅婷　李跃华　史玲玲　杨　华
　　　　张荣安　徐兰兰　颉　强　郑春艳　许　巍
　　　　雍海鹏　李银辉　叶旭维　王锡萍　王　茜
　　　　田兼苗　王仁杰　左鹏林　朱　妍　曹枝全
　　　　胡　刚　戚丽娜　苟秉坤　孔璐璐　冯泽天
　　　　张婧菲　张红来　刘莎娜　张龄之　唐　蕾
　　　　程　丹　李玉洁　朱丽娜

前言

智能交费业务作为互联网技术发展的必然结果、营销服务新模式构建的现实需求以及企业管理质效提升的重要途径，不仅有利于降低电费回收风险、提升电费回收智能化水平，更有助于营销电费管理方式的变革以及公司营销服务的转型升级。

自2017年以来，国网甘肃省电力公司（以下简称公司）加快推广智能交费业务，目前推广低压远程智能交费客户累计390万户。为促进智能交费远程停复电功能的应用，实现智能交费全业务闭环管控，2017年11月中旬，公司在4家供电单位率先启动了智能交费远程停复电试点工作。截至目前，在公司营销部统筹协调，省级项目实施组和试点供电单位全力推进，国网甘肃省电力公司电力科学研究院、国网甘肃省电力公司信息通信公司的大力配合下，智能交费远程停复电试点工作进展顺利，系统支撑功能不断优化，业务流程和工作机制初步形成，促进电费回收和经营效益提升成效明显，达到了预期试点工作目标，具备了公司全面推广应用的条件。

为指导全省智能交费业务全面推广，加强公司高、低压客户智能交费远程停复电工作管理，促进智能交费远程停复电业务规范开展和高效运转，全面提升营销管理和优质服务水平，国网甘肃省电力公司组织编写了《2021年国网甘肃省电力公司高、低压客户智能交费远程停复电工作流程培训教材》。本培训教材为指导公司全面开展智能交费业务提供了有效工具，主要内容包括职责分工与指标体系、低压智能交费业务、高压智能交费业务、智能交费远程停复电应用申报开通准备、审批停电客户端环境配置、智能交费业务策略、智能交费短信通知服务、智能交费智能电能表、智能交费充值交费服务渠道、智能交费业务知识问答、智能交费业务培训分级表、附件与参考文件12个单元。本教材面向公司各级营销管理人员、业务应用人员和信息技术人员，是公司推广智能交费停复电业务的重要成果。

编者

2021 年 11 月

目 录

一、职责分工与指标体系

（一）职责分工 …………………………………………… 3

（二）指标体系 …………………………………………… 5

二、低压智能交费业务

（一）开通要求 …………………………………………… 11

（二）停电规范 …………………………………………… 17

（三）停电实施步骤 ……………………………………… 19

（四）复电规范 …………………………………………… 30

（五）指令下发延期管理 ………………………………… 46

三、高压智能交费业务

（一）实施范围 ·· 51
（二）业务规则 ·· 51
（三）电费测算 ·· 53
（四）策略方案维护 ·· 54
（五）费控方式 ·· 63
（六）业务执行 ·· 64
（七）复电流程及要求 ·· 73

四、智能交费远程停复电应用申报开通准备

（一）地市单位申报前需做的准备 ······················ 81
（二）停电前的准备工作 ···································· 84
（三）省级项目实施组准备工作 ·························· 85

五、审批停电客户端环境配置

（一）OCX控件配置 ·· 89
（二）IE浏览器设置 ··· 96

（三）测试 OCX ································· 99

（四）USB Key 验证 ····························· 101

六、智能交费业务策略

（一）策略模型 ································· 105

（二）策略执行中的关键工作要求 ················· 107

七、智能交费短信通知服务

（一）智能交费短信说明 ························· 111

（二）低压智能交费短信触发机制及内容 ··········· 112

（三）高压智能交费短信触发机制及内容 ··········· 115

八、智能交费智能电能表

（一）智能费控电能表简介 ······················· 121

（二）计量现场手持设备（掌机）简介 ············· 121

（三）远程停复电业务流程 ······················· 122

（四）现场复电业务操作 ························· 122

（五）智能费控电能表故障处置 …………………………… 123

（六）智能费控电能表常用知识 …………………………… 123

九、智能交费充值交费服务渠道

（一）对公客户交费方式 …………………………………… 129

（二）网上国网 App ………………………………………… 131

（三）微信支付 ……………………………………………… 131

（四）支付宝交费 …………………………………………… 131

（五）95598智能互动网站 ………………………………… 132

（六）手机银行 ……………………………………………… 132

（七）自助交费终端 ………………………………………… 132

十、智能交费业务知识问答

（一）客户宣传篇 …………………………………………… 135

（二）员工宣传篇 …………………………………………… 139

十一、智能交费业务培训分级表

智能交费业务培训分级表 …………………………………… 149

附件与参考文件

附件一　智能交费远程停复电业务系统权限开通申请表⋯⋯⋯⋯　153

附件二　国网甘肃省电力公司常用智能交费终端技术规范（试行）　154

附件三　智能交费远程停复电业务开通申报条件⋯⋯⋯⋯⋯⋯　177

附件四　掌机操作说明⋯⋯⋯⋯⋯⋯⋯⋯⋯⋯⋯⋯⋯⋯⋯⋯　179

附件五　智能电能表故障代码⋯⋯⋯⋯⋯⋯⋯⋯⋯⋯⋯⋯⋯　183

参考文件一　国家电网公司文件⋯⋯⋯⋯⋯⋯⋯⋯⋯⋯⋯⋯　192

参考文件二　国网甘肃省电力公司文件⋯⋯⋯⋯⋯⋯⋯⋯⋯　198

一、职责分工与指标体系

一、职责分工与指标体系

（一）职责分工

公司市场营销事业部是智能交费业务的归口管理部门，其主要职责如下。

①营业电费部负责编制和修订智能交费业务相关业务规范、技术导则，明确各营销专业职责分工。

②营业电费部负责智能交费业务的相关系统、计量装置、业务规则的整体管控。

③营业电费部负责对智能交费业务推广及运营质量进行监督、评价、考核。

④计量中心负责计量装置智能交费业务相关功能的检验、检测，以及相关信息系统的建设、实施、运营、运维管理和技术支持保障工作，并针对用电信息采集系统功能优化等提出解决方案和措施，对市县公司智能交费终端的安装、改造、调试等工作进行技术指导，完成公司市场营销事业部安排的其他智能交费业务相关工作。

⑤服务运营部负责全省智能交费业务停电计划、重要服务事项、特殊事件的报备，以及相关的95598工单转派和统计分析工作。

⑥技术部负责全省智能交费业务的客户服务、用电信息采集、营业电费、移动作业以及信息网络安全等相关数据技术支撑运维并开展有效分析工作。

国网甘肃省电力公司信息通信公司（以下简称"国网甘肃省信通公司"）、朗新科技（中国）有限公司（以下简称"朗新公司"）、深圳市国电科技通信有限公司（以下简称"深国电公司"）及电子商务、闭环厂商是智能交费业务的业务和技术支撑机构。其主要职责如下。

①国网甘肃省信通公司负责运维范围内智能交费业务相关信息系

统的运维保障工作，负责智能交费业务相关网络与信息系统漏洞及补丁的修复管理等工作，可不定期对相关系统主机、数据库、中间件、业务应用等进行安全审计，在发现网络产品、服务存在安全缺陷、漏洞等风险时，可直接向公司市场营销事业部报告，并督促运维单位立即采取补救措施。

②朗新公司、深国电公司、电子商务及闭环厂商等运维厂商负责保证智能交费业务内各项流程、示数、短信以及交费渠道的正常测算运行。对于客户测算异常、示数缺失及短信不能正常发送等系统原因导致的异常情况须直接向公司市场营销事业部报告并立即消缺；对于批量客户停复电指令下发失败、交费渠道异常影响客户正常交费的问题，运维厂商须第一时间向公司市场营销事业部报告并启动应急防控机制（如后台批量插入复电指令），在优先保证客户正常用电的同时及时将问题消缺。

市公司市场营销部、客户服务中心（电费管理中心）、计量中心、供电服务指挥中心是本单位智能交费业务的组织实施部门。其主要职责如下。

①市场营销部负责对本单位各营销单位智能交费业务工作的管理、指导、监督和考核。负责制订智能交费业务推广实施计划，对智能交费业务推广情况进行监督、评价、考核，安排部署法定节假日、特殊时期预警不停电工作，收集并向上级单位反馈智能交费业务有关优化完善建议。

②客户服务中心（电费管理中心）负责本单位智能交费业务停电计划以及工单审批、异常监控、指标分析、推广成效研究和工作质量监督考评工作。

③计量中心负责智能电表、采集终端等智能交费终端的安装、改

造、调试以及运行维护等工作，对县公司智能交费终端的安装、改造、调试等工作进行技术指导。

④供电服务指挥中心配合营销部和各营销单位开展智能交费业务，对足额交费后未复电的用户进行实时监控并督促各单位及时恢复供电，全面实现 7×24 小时复电调度和管控。

县（区）公司是本单位智能交费业务的具体落实部门。其主要职责如下。

①县（区）公司营销部负责落实智能交费业务推广实施计划，开展智能交费业务的应用推广及宣传、解释工作，收集并向上级单位反馈智能交费业务有关优化完善建议。

②计量班组负责智能电表、采集终端等智能交费终端的安装、改造、调试以及运行维护等工作。

③供电所（营业班）负责本单位智能交费停电工单的申请、审批、归档，停电白名单的维护工作，上传并维护用户个人信息，对智能交费业务关键指标、重要数据进行监控。负责智能电表、采集终端等智能交费终端的安装、改造、调试以及运行维护等工作，定期进行现场设备巡视消缺并确保各系统内相关数据的准确性。对内建立培训机制，各单位定期进行业务培训和分析，尤其要对新上岗台区经理、窗口人员等业务人员做完整的业务培训；对外开展智能交费业务宣传工作。

（二）指标体系

①各单位智能交费远程停复电成功率可通过自定义查询功能进行查询，此数据直接反映了各单位远程停复电执行情况。

指标计算方式：智能交费远程停（复）电成功率=远程停（复）

电成功户数/全部远程停（复）电户数×100%。

目标值：暂无。

②各单位智能交费推广率可通过自定义查询功能进行查询，此数据直接反映了智能交费客户的覆盖情况。

指标计算方式：智能交费推广率=智能交费户数/总户数×100%。

目标值：100%。

③低压居民、低压非居民、高压客户的智能交费深化应用率可通过自定义查询功能进行查询，此数据间接反映了各单位智能交费业务的开展及推广情况。

指标计算方式：智能交费深化应用率=1-（可用余额小于0户数/智能交费总户数）×100%。

目标值：高压客户智能交费深化应用率为：第1季度30%，第2季度35%，第3季度40%，第4季度50%。

低压非居民智能交费深化应用率为90%。

低压居民智能交费深化应用率为95%。

④低压居民、低压非居民的电费自然回收率可通过自定义查询功能进行查询，此数据直接反映了各单位电力客户的电费预购情况。

指标计算方式：电费自然回收率=当月低压居民（低压非居民）电费发行冲抵金额/当月低压居民（低压非居民）客户发行电费金额×100%。

目标值：总体需达到60%，其中高压客户为50%，低压居民客户为95%，低压非居民客户为70%。

⑤线上交费渠道与比例。

居民客户线上交费渠道包括网上国网App、网上国网代扣、电e宝渠道（含微信、微信代扣、支付宝、支付宝代扣、电e宝App、电e宝代扣、翼支付、和包支付、中国民生银行、交通银行、微信公众号）、95598网站、金融机构代收、POS机刷卡、扫码支付。

非居民客户线上交费渠道包括网上国网App、网上国网代扣、电e宝渠道（含微信、微信代扣、支付宝、支付宝代扣、电e宝App、电e宝代扣、翼支付、和包支付、中国民生银行、交通银行、微信公众号）、95598网站、金融机构代收、POS刷卡、扫码支付、电子托收、管家卡、企业"电费网银"。

上述内容直接反映了各单位电力客户的线上交费情况。

指标计算方式：居民客户线上交费率=线上交费户数/交费总户数×100%。

非居民客户线上交费比例=（按户统计的非居民客户线上交费比例×50%+按金额统计的非居民客户线上交费比例×50%）×100%。

目标值：居民用户为90%，非居民用户为75%。

⑥系统、掌机、异常复核的平均复电时长可通过自定义查询功能进行查询，此数据直接反映了各单位对复电环节的管控情况。

指标计算方式：平均复电时长＝总复电时长/复电户数。

目标值：异常复核平均时长小于2小时，掌机平均复电时长小于8小时。

二、低压智能交费业务

（一）开通要求

办理智能交费业务应与用户签订《智能交费补充协议》，协议中的客户信息及联系方式须准确有效，要设置合理的预警阈值，建议按照日均电量×7天的电费额设置预警阈值，为客户预留足够的交费时间。

1. 存量用户业务开通流程

对于已经在营销系统中建档立户的客户，可以通过国网费控模式调整申请流程来实现由普通客户变为智能交费客户的操作，本流程操作用于完成用电客户付费模式的变更，实现费控模式新增、修改、删除以及费控策略调整的过程管理。

在营销系统"核算管理→费控管理→功能→费控模式调整申请"功能下发起流程申请。

（1）查询

在客户选择Tab页，输入查询条件，单击"查询"按钮，查询结果会在"可选择客户信息列表"中显示，勾选客户，单击"加入"按钮，客户信息会在"已选择客户信息"中显示（见图2-1），依次单击"保存""确定"按钮，生成申请编号。

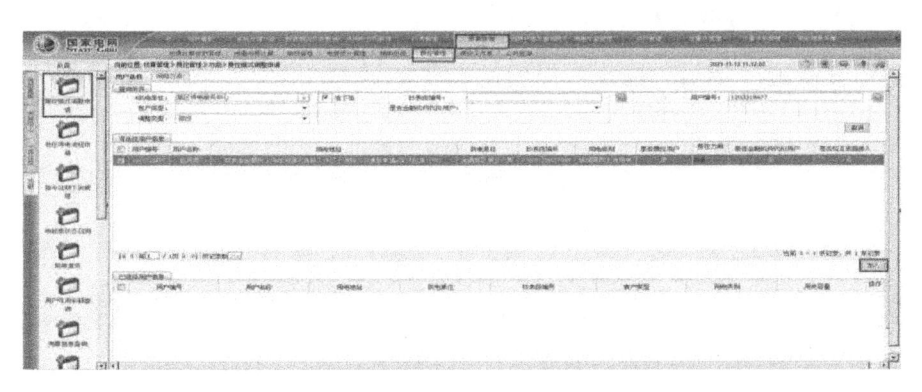

图2-1 已选择客户信息

注意事项如下。

①当费控策略调整申请流程为"新增"流程时，在合同起草环节，客户信息栏展示客户信息，对应在合同附件Tab页中增加附件，附件类型默认为智能交费补充协议。上传附件时，单击电子文件路径后面的"浏览"按钮，选择所要上传的附件，单击"保存"按钮即可，要求扫描后协议的大小不能超过600KB，且应为JPG或者JPEG格式。

②当费控策略调整申请流程为"修改"流程时，不需重新上传附件，可直接发送工单。

③当费控策略调整申请流程为"删除"流程时，无法新增附件，单击"保存"按钮，即可成功删除附件。

④流程支持批量客户操作，若批量更新客户智能交费补充协议附件，需要按照客户编号逐一对应协议附件，避免张冠李戴。

⑤农业排灌客户、交费关联户、金融机构代扣、采集未覆盖、非费控智能电能表客户不能开通智能交费业务，在查询页面查不到结果。

（2）保存

单击"方案"维护Tab页，调整费控方案。选择基准策略编号（见图2-2），修改预警处理方式、代扣值、停电方式、复电方式、协议电价计算标志，单击"保存"按钮保存费控方案。

注意事项如下。

①预警阈值需要合理设置，一般遵循客户收到预警信息之后还能正常用电7天的原则。停电阈值即允许客户欠费的金额，由系统自动预设，公司对低压客户执行的停电阈值一律为0，即不允许用电客户出现欠费情况，高压客户的停电阈值是1天。

二、低压智能交费业务

图 2-2　费控方案调整页面

②目前甘肃省系统中只有"审批停电"一种停电方式,因此"停电方式"需要设置为"审批停电",自动停电功能仍在部署中。

③复电方式要与现场所装的远程费控智能电能表的规范类型相匹配,对于09版规范的应选择"安全复电",对于13版规范的应选择"自动复电"。目前系统已实现复电方式自动与资产档案匹配选择,这就需要确保资产档案里"是否支持远程复电"字段准确,且与现场一致。

④"是否按轮次停电"是目前营销系统判别高、低压智能交费客户类型的附加字段,要求低压客户选择"否",高压客户选择"是"。

⑤目前甘肃省的预警处理方式只有"催缴通知"一种,选择时系统会默认"催缴通知",不需要更改。

⑥"是否按协议电价测算"是针对高压客户设置的选项,普通客户选择"否",高压客户选择"是"。

⑦"停电设置"是针对存在一个以上计量点的客户设置的,对不同的计量点可以分别选择"是否可停电"。

13

（3）发送

单击"发送"按钮，将流程发送到客户费控策略调整审批环节，如图2-3所示。

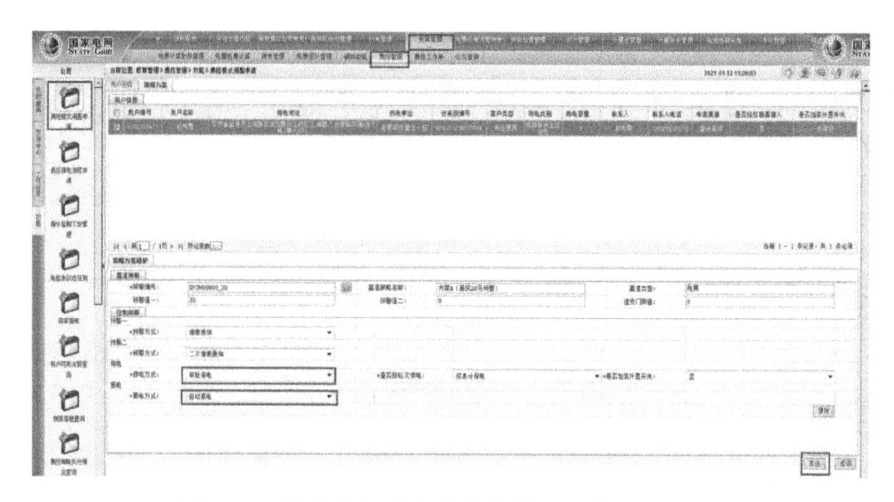

图2-3 发送流程到客户费控策略调整审批环节

（4）归档

进入归档页面，确认数据无误以后，单击"归档"按钮，流程结束，如图2-4所示。

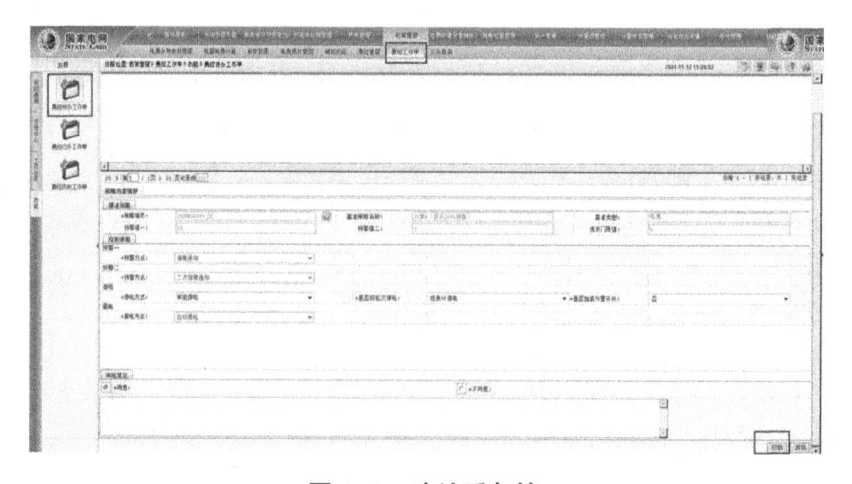

图2-4 确认后归档

2. 新增客户业务开通流程

主要通过营销系统中的"新装、增容及变更用电"的功能页面维护智能交费客户,目前支持的业务类型包含低压居民新装、低压非居民新装、高压新装、高压增容、低压批量新装、改类、减容、装表临时用电等。

(1) 新增

在营销系统中的"工作任务→待办工作单→低压居民新装→业务受理"功能下发起相关流程。按要求完成业务受理环节输入,在"费控申请信息"Tab 页,选择基准策略编号,输入"费控标志""协议电价计算标志""预警处理方式""停电方式""复电方式"等,如图2-5所示。

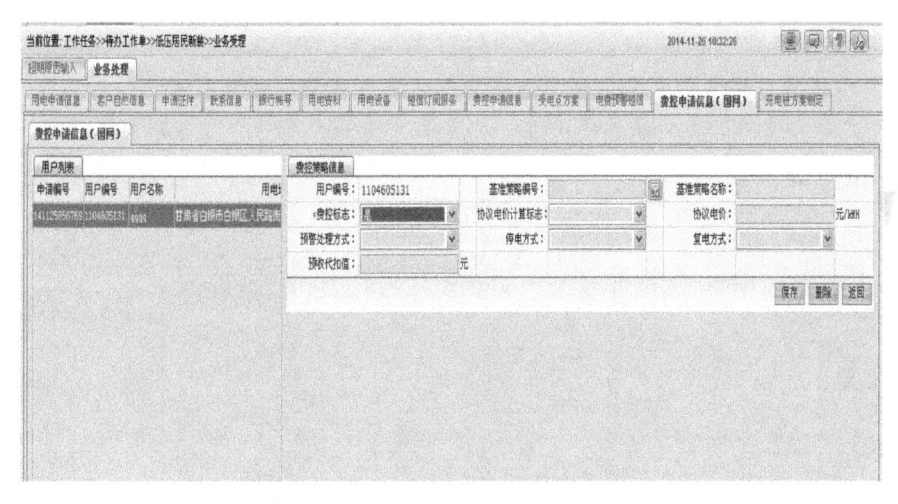

图2-5 "费控申请信息"Tab 页

若为批量客户,在维护费控策略信息时,需要在左侧列表中勾选客户,然后设置"基准策略编号""费控标志""协议电价计算标志""预警处理方式""停电方式""复电方式",单击"保存"按钮,选择应用范围，单击"应用"按钮即可。需注意：单击"应用"按钮时，右侧费控策略信息不能为空，且须为客户对应的策略信息，如图2-6所示。

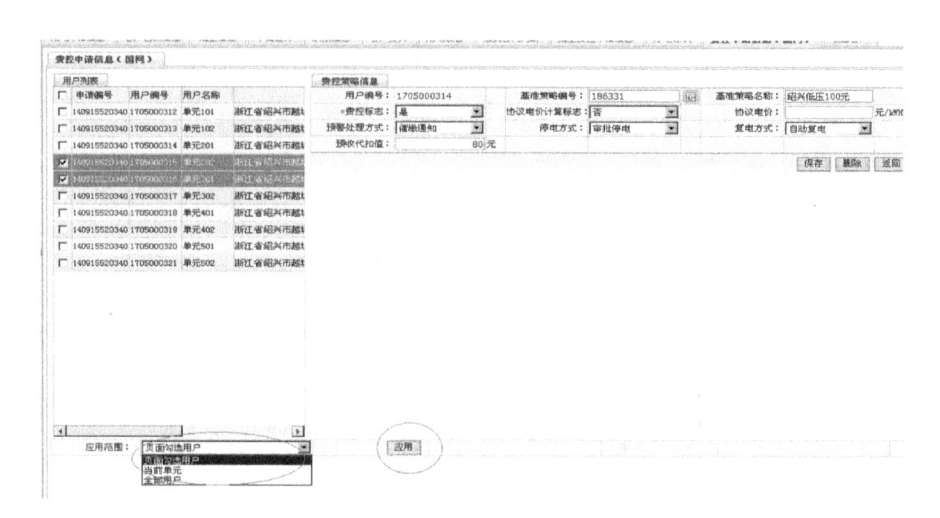

图2-6 批量客户费控策略信息维护

（2）现场勘察

在"计量点方案"对话框中设置"是否可停电"，选项为"是"，如图2-7所示。

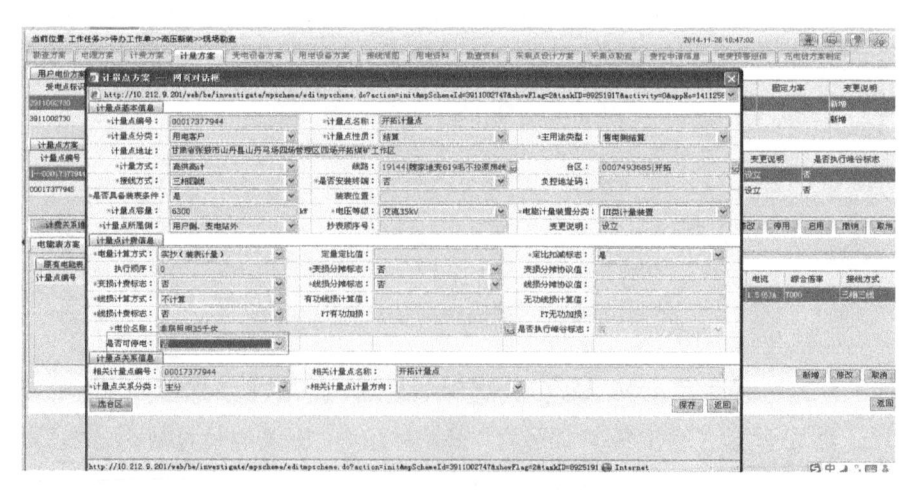

图2-7 "计量点方案"对话框

注意事项如下。

①在业务处理环节"费控标志"要选择为"是",流程归档后,客户会自动变为智能交费客户,否则不能变为智能交费客户。

②"协议电价计算标识"低压客户需要选择为"否"。对于与客户协商一致需要执行协议电价的客户选择"协议电价计算标志"为"是",并填入"协议电价"值。

③低压非居民新装、高压新装、低压批量新装、装表临时用电、改类、销户与低压居民新装维护费控申请方式相同。

④低压批量新装时,在"费控申请信息"Tab页,需对客户的费控策略逐条进行维护和保存。

⑤合同起草、合同审批、合同签订、合同归档与"国网费控模式调整申请"流程中的操作方式相同。

(二)停电规范

1. 停电前的准备工作

①低压智能交费远程停复电业务开展之前要预先核实智能交费客户协议的真实性与联系方式的准确性。

②各供电所(营业班)应签订并严格履行《24小时远程停复电应急保障机制》,计量库房中备有足够数量的备表,确保在现场各种停复电手段均失败的情况下可以及时安排换表,以保证为客户及时复电。

③台区经理(营业班)申请停电前需核实所管辖台区内欠费客户是否满足停电条件(详见下面"停电实施范围"以及"停电前的注意事项"部分)。

④开展智能交费业务，首先要实现集抄全覆盖，智能表具有远程费控功能，低压客户日均采集成功率在98%及以上。

⑤按照客户数量、供电半径、计量采集及交通等情况综合考虑，配备一定数量的移动作业终端（掌机），作为现场复电的有效补充手段。

⑥对台区表箱进行普查，表箱的安装位置、表箱类型是否具备按压复电按钮的条件，查看表箱的复电按钮是否有复电孔，若无则需要打孔或是更换。

⑦对客户的表计接线进行检查，防止串户和接线错误。

2. 停电实施范围

现阶段停电申请用户为低压居民、低压非居民以及低压非居民带互感器的用户。

3. 停电前的注意事项

①节假日、特殊保供电、重要会议、大型活动、线路检修以及发生极端天气期间严禁实施停电。

②对中断供电可能造成人身伤亡、较大环境影响、较大政治影响、较大经济损失、社会公共秩序严重混乱或对供电可靠性有特殊要求的重要电力用户（如政府、学校、医院）的重要负荷严禁实施停电，建议将上述客户列入停电白名单。

③对客户联系方式不规范（座机、号码长度不规范等）、联系方式错误以及联系方式为空的严禁实施停电。

④对满足上述停电要求的低压客户须严格执行无差别停电。

（三）停电实施步骤

1. 停电计划

为合理统筹台区经理供电所工作计划（抢修、降损、营业普查等），便于所长统筹安排工作，公司停电实行计划管理，即当天申请下一计划时间的停电计划。

具体流程：台区经理申请→营业班班长（供电所所长）审批→县（区）公司智能交费专工审批→地市智能交费业务管控班汇总平衡→省公司→南中心报送停电计划并由其依据计划合理安排下一日座席。

注意事项如下。

①停电计划需考虑节假日、特殊保供电、重要会议、大型活动以及线路检修、极端天气等因素。

②单个供电所/营业班单日最多停电计划户数为1000户。

2.停电要求

①现阶段能够实施远程停电的用户为低压居民、低压非居民以及配置好停电装置的高压客户，不能是政府、企事业单位、学校、医院以及特殊无法停电用户，无法停电用户请各单位自行甄别并加入停电白名单。

②单个集中器单次停电户数不得超过30户，各单位应遵循少量多次停电的原则开展停电业务。

③停电顺序：先停欠费用户，再停可用余额小于0的客户。

3.停电流程

停电流程为：台区经理申请→供电所所长（营业班班长）审批→

智能交费班组安全验签→台区经理工单复核。

（1）停电设备及安全管理

按照公司营销网络信息安全管理要求，在审批停电过程中须使用统一配发的专用加密 USB Key 进行安全验签后方可发起停电操作，防止停电指令被篡改、伪造。

在开展审批停电工作前，集约停电班组需要对本地计算机 IE 浏览器进行相关配置，安装 OCX 接口程序插件，关联 USB Key 进行验证，完成相关环境配置后才能进行停电审批，具体操作步骤见第五单元。

（2）停电申请

在营销系统台区经理角色中的"核算管理→费控管理→功能→低压停电流程申请"功能下，输入抄表段编号或客户编号，选择测算日期，单击"查询"按钮，查询结果在"策略信息"中显示，如图2-8所示。

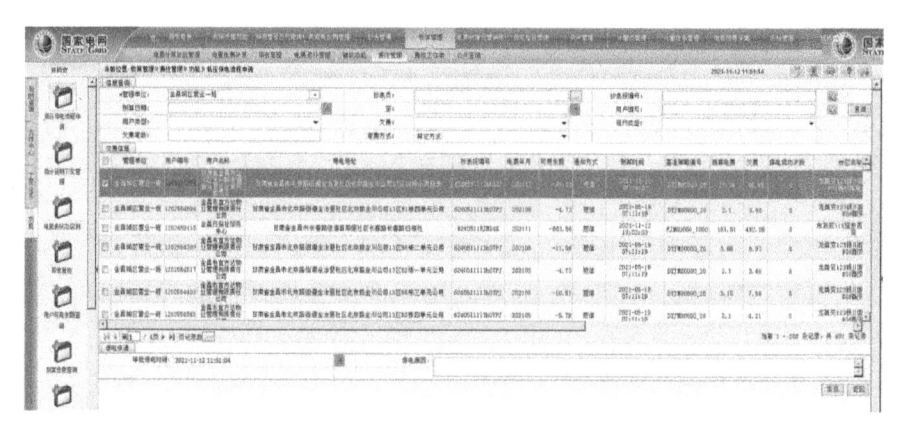

图2-8 "低压停电流程申请"功能页面

（3）停电审批

登录营业班\站长（供电所所长）营销工号，在"待办工作单"中查找到前面"（一）开通要求"中"保存"内容中登记的工单编号进行处理，单击工单进入图2-9所示页面，勾选用户并填写审批结果，保存并发送。

图 2-9　"停电审批"功能页面

（4）安全验签

业务管控班中的业务管控人员在"待办工作单"中进行单击处理（见图 2-10），首先勾选用户，然后单击"远程停电"按钮，在弹出的网页对话框中输入 USB Key 口令"11111111"（即八个"1"），最后单击"确定"按钮完成验签。

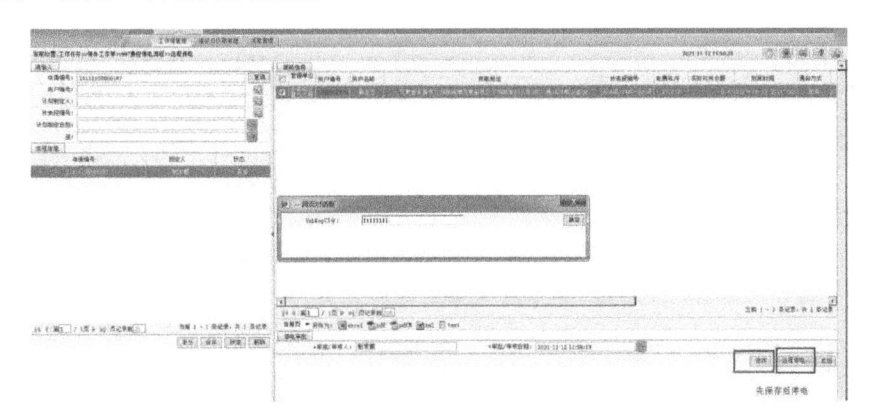

图 2-10　"安全验签"功能页面

（5）停电复核

完成安全验签后，工单流转至发起申请停电流程的角色下进行停电复核，以申请停电流程角色登录，在"待办工作单"中单击对应工单进行处理，然后单击"确认"按钮完成工单归档，归档后即完成审批停电复核。

4. 停电指令异常处理

对营销远程实时费控应用发现的异常复核工单进行分类确认。复核指令任务的执行情况，对执行不成功的指令任务进行再次执行或转异常消缺处理。

（1）停电异常复核

停电失败后，停电集约班组可在"核算管理→费控管理→功能→异常复核→停电复核"中选择一条或多条记录，单击"重新下发"按钮，确认重新下发后，系统重新生成停电指令并下发，前台弹出对话框提示重新下发结果，如图2-11所示。

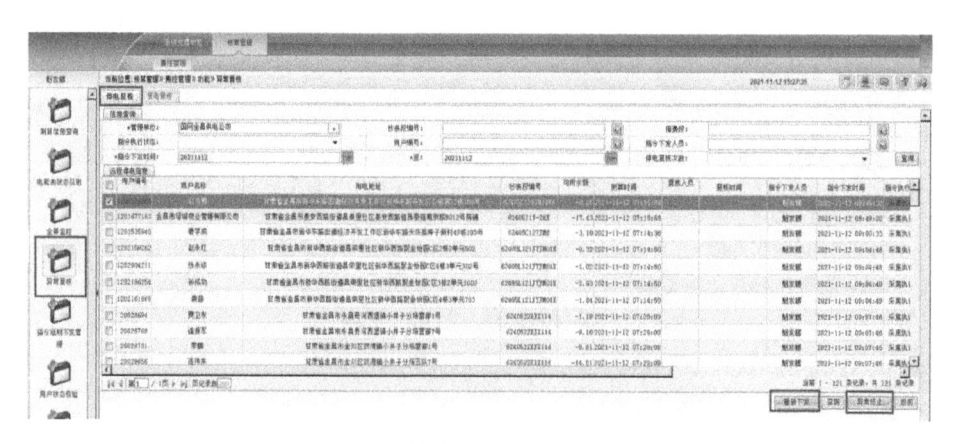

图2-11　"停电异常复核"功能页面

二、低压智能交费业务

注意事项如下。

①单户异常复核可重新下发停复电指令3次，请各单位在下发复电指令前务必登录采集系统查看此客户当前电表状态，查询路径如图2-12所示（"核算管理→费控管理→功能→电能表状态召测"）。

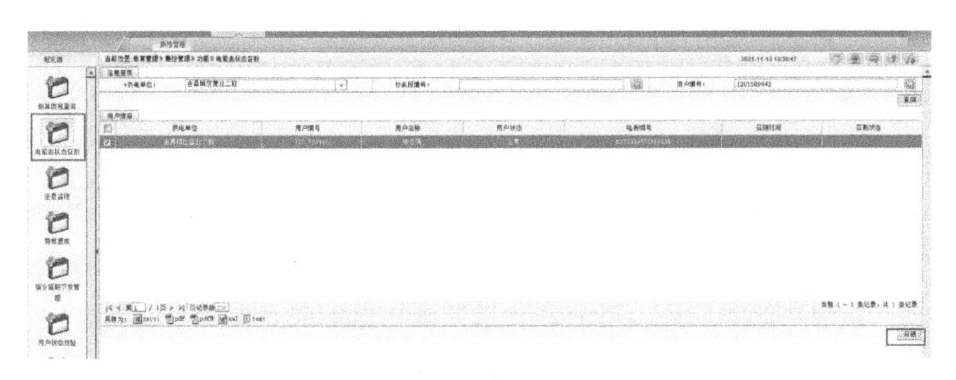

图2-12　客户当前电表状态查询路径

②若当前客户采集系统中状态为合闸，可以通过停电复核功能下发复电指令；若当前客户状态为开关状态召测失败，请对集中器复位后再进行召测或使用掌机现场复电。

③采集通道出现异常或集中器任务繁重等会造成指令报文在传输过程中受阻，影响远程停复电指令执行。在营销系统中反馈的指令异常信息一般为"通信不畅，超时无应答"或"通信不畅，下发无应答"。要解决此类问题，可加大采集运维消缺力度，通过技术手段提升采集设备的实时在线率，确保停复电指令执行的上下行通道畅通；同时合理调度费控指令，减少同一集中器下停电户数，减轻集中器压力以提升停电成功率。

④现场设备问题主要有电能表时钟异常、载波模块故障等。在营销系统中反馈的指令异常信息一般为"身份认证失败"或"指令未在

规定时间内下发"。要解决此类问题，应加大采集运维消缺力度，重点解决现场集中器、电能表时钟与系统不一致、电能表电池欠压、电能表密钥状态不是私钥等问题，尽量使用载波性能良好的载波模块。

⑤系统档案类问题，在营销系统中反馈的指令异常信息一般为"应答异常"，要解决此类问题，应加大计量资产档案数据的核查整改力度，重点核查档案信息中的"是否支持远程复电"字段是否与现场设备复电方式一致，提高营销、采集、费控系统档案数据与现场设备的一致性，确保复电短信发送准确、复电指令类型正确。

（2）停电伪成功/伪失败处理

①停电伪成功。营销策略显示停电执行成功，采集召测结果为合闸。要解决此类问题，可通过营销系统内电能表状态召测功能自动修改状态（见图2-13），或者通过电能表状态校验功能手动更改状态（见图2-14），将客户的状态由停电状态变更为正常或预警状态。

②停电伪失败。营销策略显示停电执行失败，采集召测结果为拉闸。在此问题的处理上，可将客户状态由正常或预警状态变更为停电状态，需注意电能表状态召测功能不会自动触发复电流程。

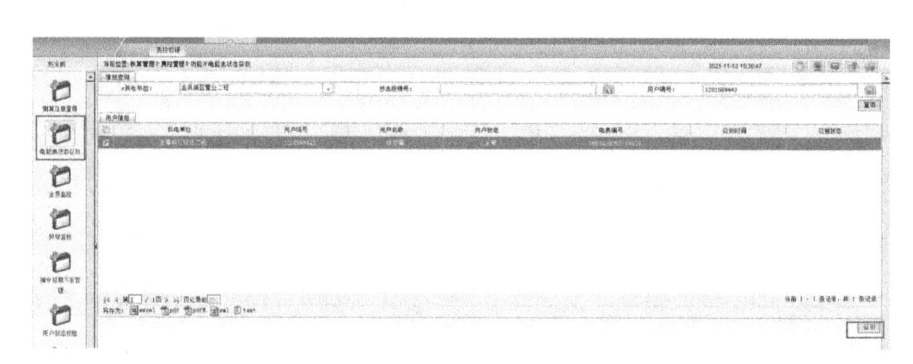

图2-13　"电能表状态召测"功能页面

二、低压智能交费业务

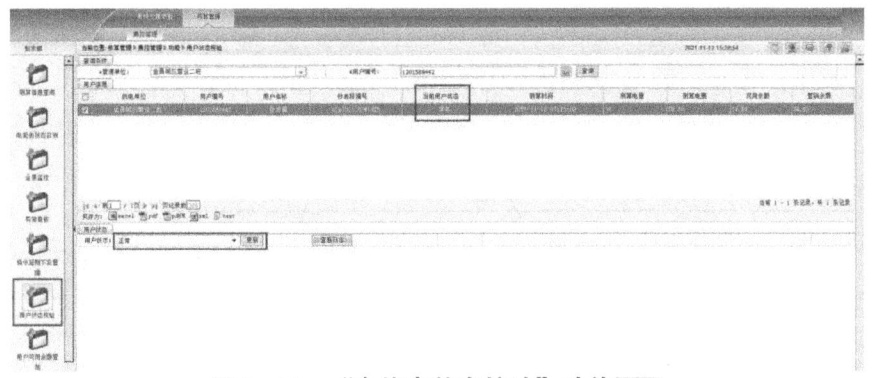

图 2-14 "电能表状态校验"功能页面

（3）停电监测

审批停电通过后，可分别在营销系统和采集系统中对停电指令执行情况进行监测。

①监测策略执行情况。

在营销系统中的"核算管理→费控管理→功能→费控策略执行情况查询"功能下，输入已下发停电指令客户对应的客户编号，"日期类型"选择"执行日期"，确定起止日期后，单击"查询"按钮，查询结果在"策略应用信息"中显示（见图 2-15）。跟踪"策略执行状态"选项，可对策略执行状态进行查看，包括"未执行、执行中、执行成功、执行失败、执行状态"。

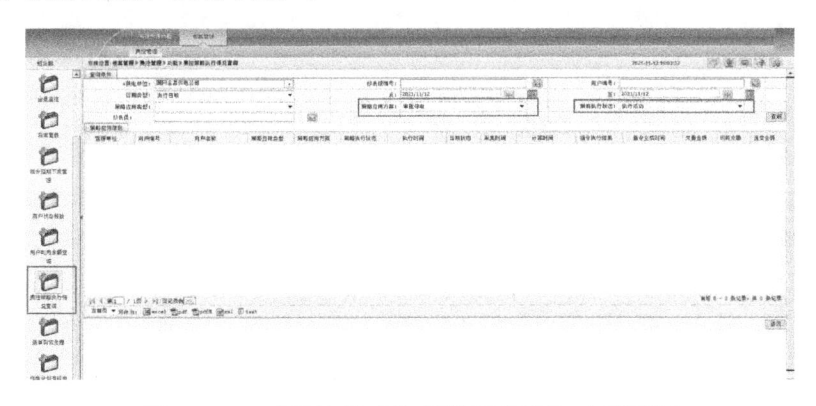

图 2-15 "费控策略执行情况查询"功能页面

25

②监测电能表执行状态。

为了进一步核查停电指令执行结果，需要获取现场客户电能表开关状态。打开用电信息采集系统的"基本应用→费控管理→电表费控管理→电表费控参数召测"功能页面，如图2-16所示。

图2-16 "电表费控参数召测"功能页面

在"电表费控参数召测"功能页面输入客户编号，单击"查询"按钮，查询结果在"预付费电表信息"中显示，勾选客户，召测数据类型勾选"电表状态"，单击"召测"按钮，召测结果在"召测预付费电表信息"中显示（见图2-17）。跟踪"召测结果"选项，若显示"电表状态：拉闸"，则表示停电成功。

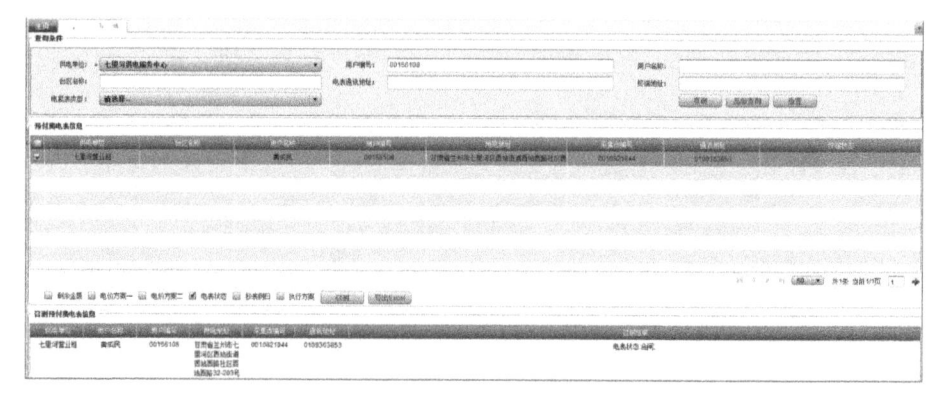

图2-17 "召测预付费电表信息"显示页面

5. 停电白名单

可以通过营销系统添加/取消智能交费客户停电白名单设置，该名单内的客户不会出现在停电列表内。具体维护流程：台区经理申请→营业班班长（供电所所长）审批，维护流程如图2-18所示。

图2-18 "停电白名单维护"功能页面

（1）常规白名单

通过前台手动逐户添加欠费不停电用户清单，由台区经理发起白名单申请，供电所所长审核，市（州）智能交费班审批归档。

（2）规则化白名单（主要用于配套低压客户自动停电）

①通过系统后台添加一定的白名单规则，如户名包含"政府""公安局""基站""楼梯灯""医院""学校"字段的。户名在添加相关字段后自动进入白名单，在取消字段或销户、过户、更名后自动退出白名单。

②为避免线路检修影响客户足额后复电，工作人员可在检修计划前一个工作日通过系统后台按照计划停电范围（台区、线路、变压器）添加白名单。

（3）停电白名单注意事项

不间断供电原因仅限于：①财政统一划拨、报账制导致不具备实时预交电费条件的客户，用户名必须为非个人名称；②孤寡老人、城乡低保户、特困户；③停电后会危及人身安全的用电客户。

6. 自动停电

当费控系统中测算出低压智能交费客户的可用余额小于停电阈值时，营销系统按照一定的规则自动判断其具备停电条件并发送停电指令，由计量装置或智能交费控制装置执行停电指令。

（1）自动停电要求

①营销系统中有审批停电记录的客户。

②采集设备能够满足停复电要求的单位，其中包括日均采集成功率达到98%及以上、停电成功率达到98%以上、复电成功率达到99.6%以上的供电单位，同时保证HPLC全覆盖。

③平均复电时长要求：异常复核平均时长小于2小时，掌机平均复电时长小于8小时。

④优先安排未发生复电超期、投诉的单位实施自动停电。

⑤低压深化应用率达90%及以上。

⑥客户智能交费协议须真实有效且联系方式必须保证准确规范，不能是座机、空号等不规范、错误的联系方式。

⑦各供电单位须严格落实"联防联控"机制，台区经理须在系统内维护正确的联系方式，以便接收复电失败提醒短信并加强对复电环节的管控，避免因复电超期引起的投诉，同时压降复电时长。

⑧能够保证在客户足额交费后及时复电的供电单位（已部署24小时复电保障机制且具备充足的备表并配备足够数量掌机的供电单位），

若客户亟须复电或由于白名单未正确维护导致误停的情况发生，工作人员须第一时间使用应急复电功能为客户复电或持掌机进行现场复电。

⑨停电区域内有特殊保供电、重要会议、大型活动以及线路检修、极端天气等情况，该区域工作人员须将无法停电区域按照台区、线路、变压器等筛选条件提前添加至规则化白名单内。若未及时添加至规则化白名单，因系统自动停电导致的一切后果由该单位自行承担。

⑩对中断供电可能造成人身伤亡、较大环境影响、较大政治影响、较大经济损失、社会公共秩序严重混乱或对供电可靠性有特殊要求的重要电力用户须提前维护至白名单。若未及时添加至白名单，因系统自动停电导致的一切后果由该单位自行承担（户名包含"政府""公安局""基站""楼梯灯""医院""学校"等字段的系统不会实施自动停电，但各地市须结合本单位客户性质正确维护白名单客户）。

（2）自动停电方式

①系统自动筛选出满足停电要求的台区后，停电时会自动召测集中器版本，若能够在5秒内召测成功才会实施自动停电。

②每个集中器下单次停电工单户数≤30户，同时同一集中器不同停电工单之间间隔3~5分钟，以保证停电指令的下发不会导致集中器堵塞。

③自动停电结束后会以短信的形式向停电区域的台区经理、供电所所长（营业班班长）以及地市智能交费班发送停电情况通知，各单位须结合自身情况做好复电监控及复电部署，停电失败异常复核仍由地市智能交费班负责复核，复核须使用USB Key。

④自动停电时间为工作日内7:30—9:00。

（四）复电规范

执行停电成功后，客户交纳电费且可用余额大于0时，系统自动触发复电流程，系统在复电指令执行成功后向客户发送复电提醒短信。对于09规范智能电能表在短信内容中指导客户现场确认复电。

1. 查询客户复电执行情况

在营销系统中的"核算管理→费控管理→功能→费控策略执行情况查询"功能下，输入抄表段编号、客户编号等条件查询当日复电执行列表信息，如图2-19所示。

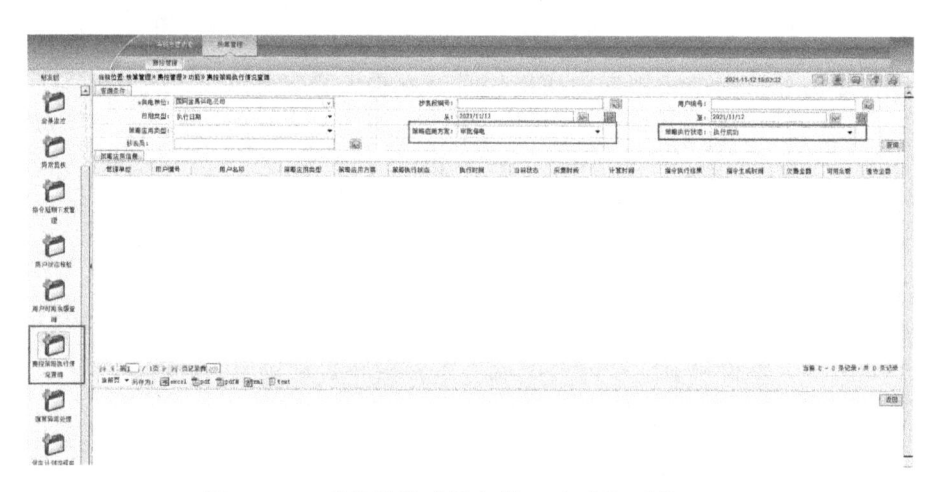

图2-19 "费控策略执行情况查询"功能页面

在采集系统中的"基本应用→费控管理→电表费控管理→电表费控参数召测"功能下，输入客户编号，单击"查询"按钮，勾选客户，选择"电表状态"，单击"召测"按钮，召测结果显示电表状态为合闸，如图2-20所示。

图 2-20 "电表费控参数召测"功能页面

2. 复电管控措施

复电现阶段主要包括自动复电、安全复电以及应急复电。

各营销单位要严格把控复电时长和成功率，尤其要杜绝因复电超时引发的投诉问题，同时要制定应急复电机制和各类复电保障措施。

3. 复电失败处理要求

（1）复电失败

复电失败后台区经理会收到相关短信并督促其及时消缺，台区经理应第一时间通过采集系统查看该户状态，若当前采集畅通可通过异常复核功能再次下发复电指令（同一客户当天可下发3次）；若当前采集异常，需工作人员将其调试正常后才能通过异常复核功能下发复电指令（见图2-21），若调试后仍采集异常，工作人员须第一时间赴现场进行消缺。

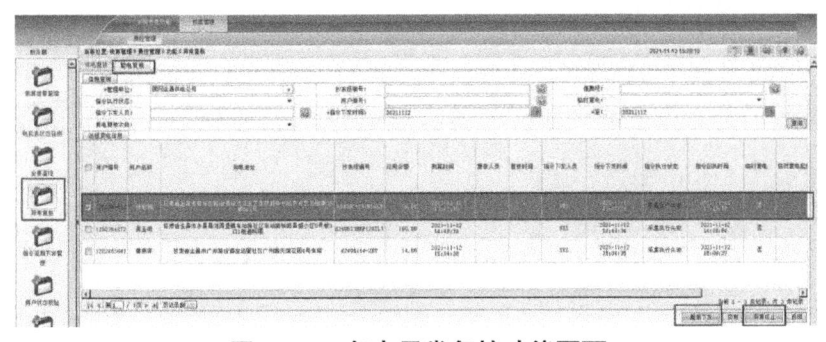

图 2-21 复电异常复核功能页面

（2）复电伪失败

复电伪失败即营销策略显示复电失败但现场复电成功。

解决方案如下。

①通过营销系统中的电表状态召测功能对电表实际状态进行复核，在采集畅通的情况下此功能可将客户状态为"停电"但电表实际状态为"合闸"的客户状态自动更新为"正常"。

②若当前采集不稳定无法召测电表状态可联系地市业务管控人员修改其状态。

（3）复电伪成功

复电伪成功即营销策略显示复电成功但现场表计处于拉闸状态。

解决方案如下。

通过电表状态召测功能对电表实际状态进行复核，在采集畅通的情况下此功能可将客户状态为"正常"但电表实际状态为"拉闸"的客户状态自动更新为"停电"。

注意：客户状态更新后不会自动进行基准比较，所以客户足额交费后也不会自动触发复电流程，需台区经理现场复电或再次交费触发复电。对于多次电表状态召测均失败的用户，应经过采集调试后再次进行召测或直接去现场复电。

（4）应急复电

应急复电是指通过营销系统应急复电功能下发的复电指令。此功能仅用于亟须用电的用户以及误停电需紧急复电的用户，严禁将此功能作为正常复电手段。

①申请。

应急复电申请只能单户发起申请流程，不支持批量申请。

在营销系统中的"核算管理→国网费控→功能→临时复电申请"

功能下，输入客户编号，确定"临时复电截止时间"，单击"发送"按钮，如图2-22所示。

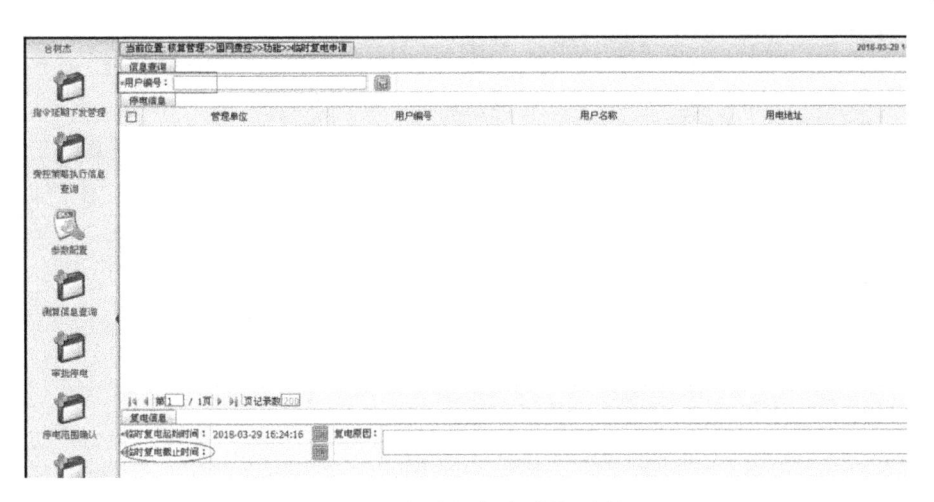

图2-22 "临时复电申请"功能页面

②审批。

在营销系统中的"工作任务→待办工作单→102国网费控复电流程→复电审批"功能下，勾选申请应急用电的客户，"审批/审核结果"选择"通过"，保存后单击"发送"按钮，如图2-23所示。

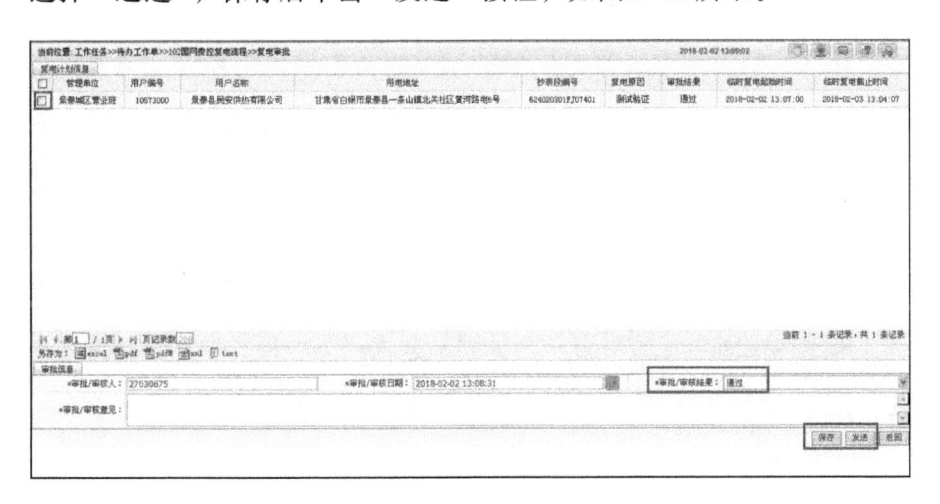

图2-23 "复电审批"功能页面

③远程复电。

在"工作任务→待办工作单→102国网费控复电流程→远程复电"功能下，勾选通过审批的应急用电客户，单击"远程复电"按钮，如图2-24所示。

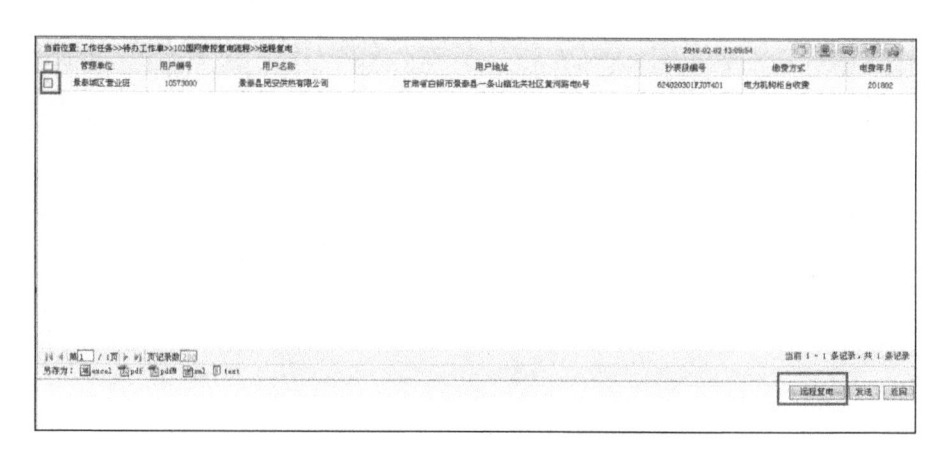

图2-24 "远程复电"功能页面

（5）掌机复电

掌机复电即通过移动作业终端赴现场进行复电消缺。

①采集运维闭环管理平台。

如果遇到采集系统复电失败的情况，会在采集闭环中生成复电任务工单，然后由采集闭环将工单手动或自动派发至掌机上进行现场复电，掌机在收到任务后须在18小时内完成现场复电并反馈，否则复电任务会自动失效。

②采集运维闭环管理平台的登录方式。

采集运维闭环管理平台有两种登录方式：第一种是在采集系统中单击"采集闭环管理"模块登录，第二种是输入采集运维闭环地址登录。

方式一：从采集系统跳转登录。

采集系统：http://10.212.246.155/eic/。单击右上角"采集闭环管

理"，如图2-25所示。

方式二：输入采集运维闭环地址登录。

输入地址：http://10.212.246.46:7009/eom/。

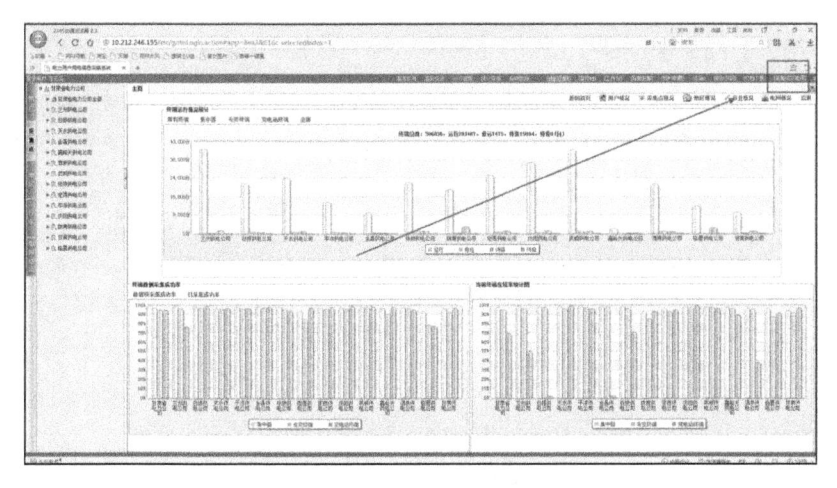

图 2-25　从采集系统跳转登录

③进入现场停复电页面。

登录成功后进入菜单"现场应用→现场停复电→现场停复电待办"，如图2-26所示。

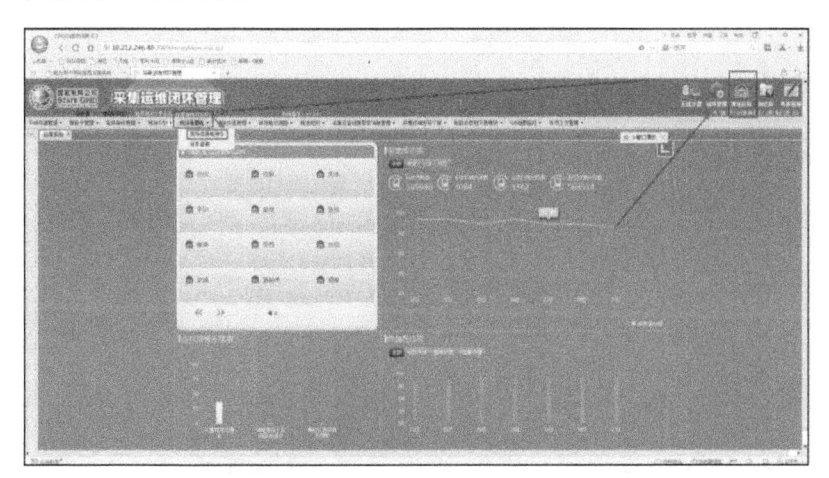

图 2-26　现场停复电页面

④派工。

方式一：单一派工。

找到并勾选要派工的工单，单击"派工"按钮，如图2-27所示。

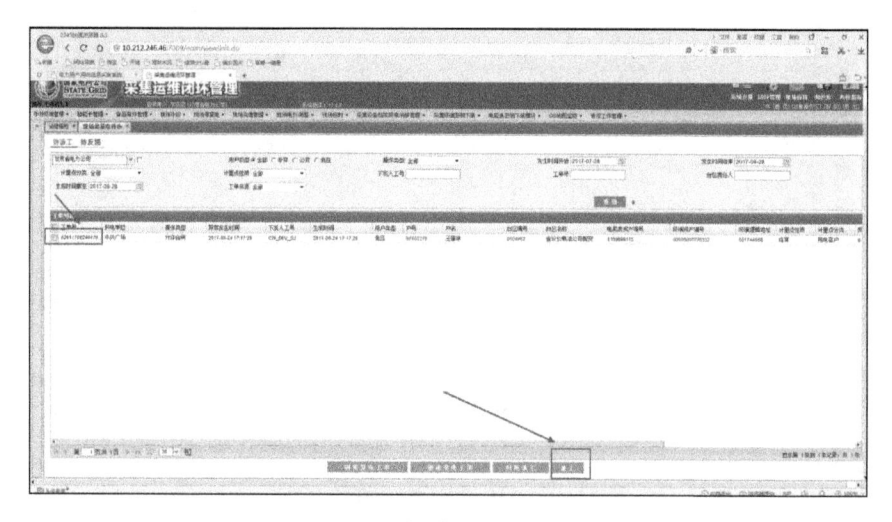

图2-27　勾选要派工的工单

在弹出的派工窗口中，选择派工人员后单击"派工"按钮，如图2-28所示。

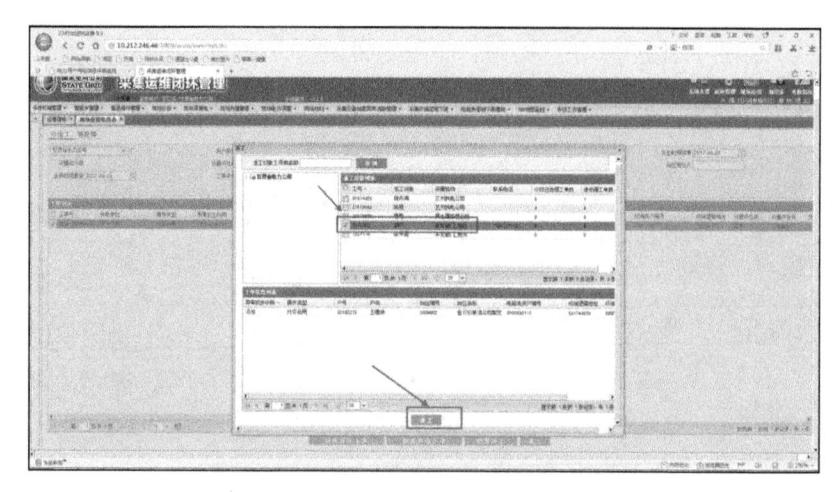

图2-28　选择派工人员并派工

派工结束后工单将转入待反馈环节，可在同一页面的"待反馈"中查看工单，如图2-29所示。

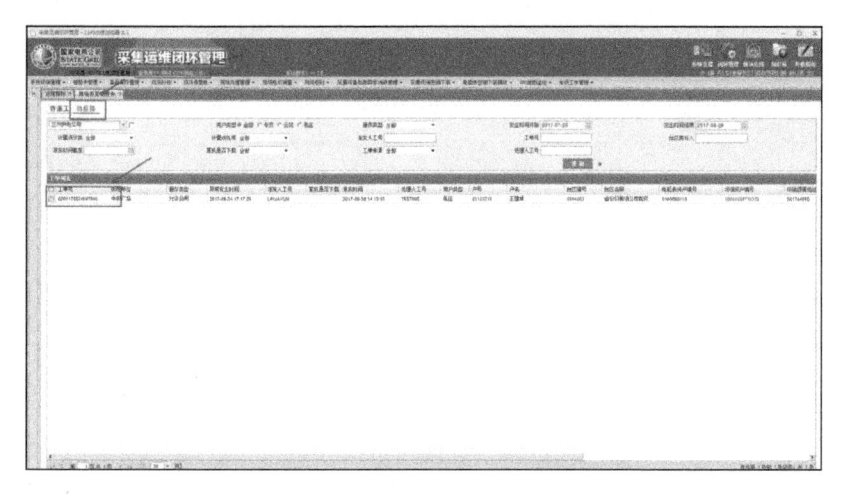

图2-29 在"待反馈"中查看工单

方式二：归集派工。

当需要手动派工的工单数量较多时，可进行归集派工，对同一个台区或终端下的工单进行批量派发。选中台区或终端下的任意一条工单，单击"归集派工"按钮，如图2-30所示。

图2-30 选中任意工单

在弹出的工单归集窗口中，选择"按台区"或"按终端"，系统自动将同一台区或终端下的所有工单关联显示，选中需派工的工单，单击"归集派工"按钮，如图2-31所示。

图2-31 按台区或终端选择需派工的工单

在弹出的派工窗口中，勾选现场运维人员，单击"派工"按钮，如图2-32所示。

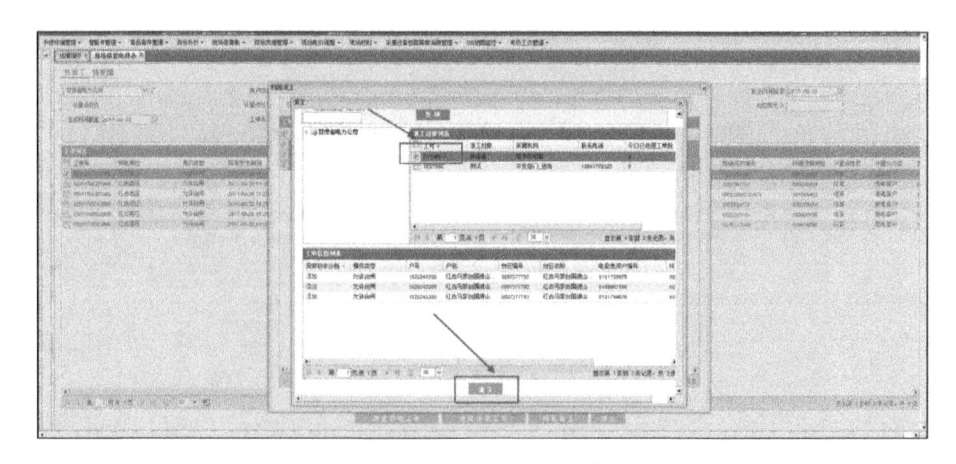

图2-32 选择现场运维人员进行派工

方式三：自动派工。

在自动派工前需要完成台区和掌机的绑定，即闭环系统中台区责任人的设定。目前系统自动派工是派到台区责任人，那么就需要先绑定台区责任人。进入菜单"系统支撑→配置管理→台区责任人管理"，如图2-33所示。

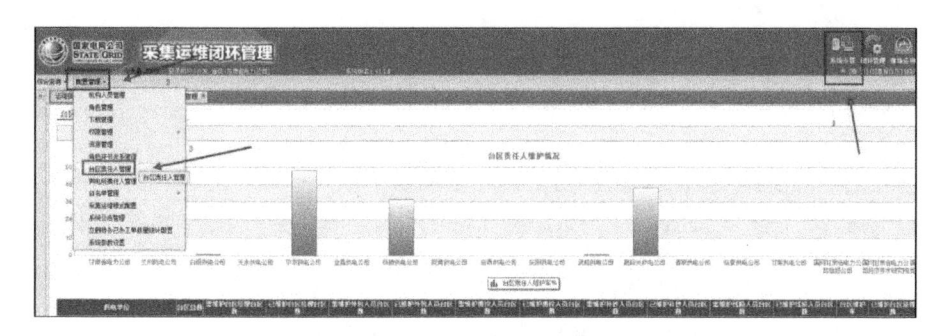

图2-33 "台区责任人管理"页面

选择"台区责任人维护"Tab页，在查询条件栏中输入台区信息，查询待绑定的台区，勾选"台区列表"中显示的台区，在右侧根据工号或名字查询待绑定的人员并勾选，单击"绑定"按钮，如图2-34所示。

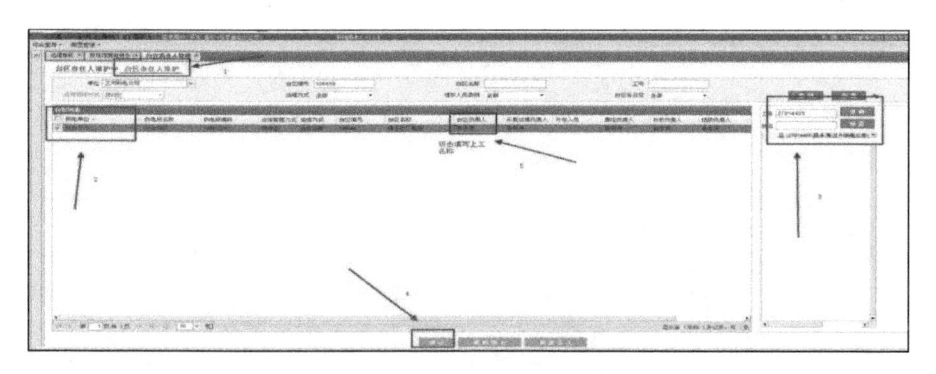

图2-34 绑定台区责任人

在弹出的功能选择窗口，选中全部功能，单击"确定"按钮，如图2-35所示。

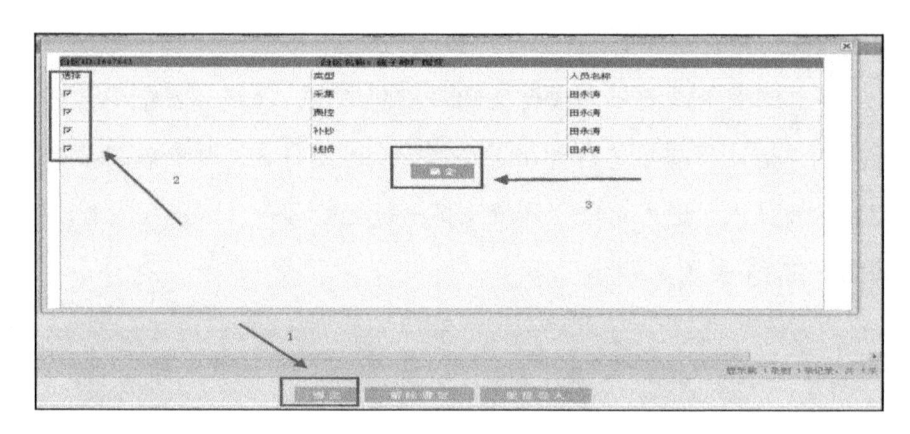

图 2-35 选择全部功能

双击"台区责任人"列，输入待绑定人员工号，在页面空白处单击鼠标，提示"台区责任人已修改"即绑定成功。绑定成功后，系统即可将采集系统推送的工单自动派发到该责任人掌机下。

⑤复电任务转派。

进入"现场业务管理→现场停复电→现场停复电已办"页面，在"未归档"Tab 页，将工单逐条或批量转派给其他人。选中工单，单击"转派"按钮，如图 2-36 所示。

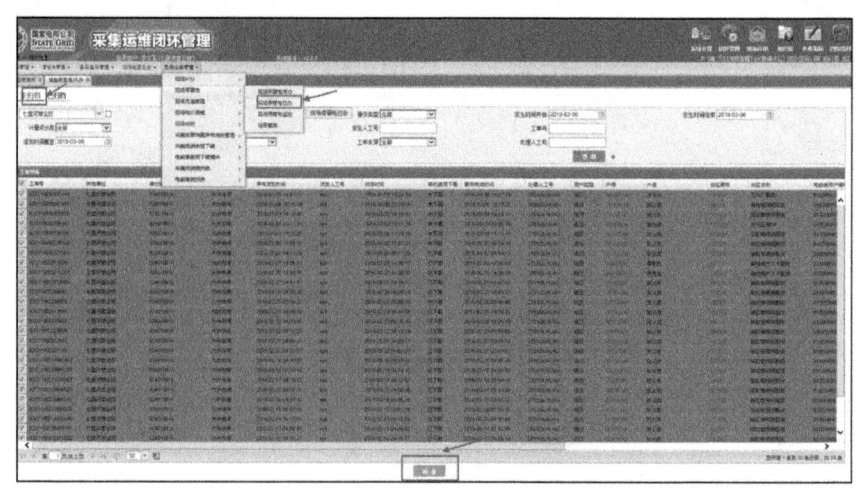

图 2-36 "未归档"Tab 页

选择转派人员，单击"派工"按钮即可完成转派，如图2-37所示。

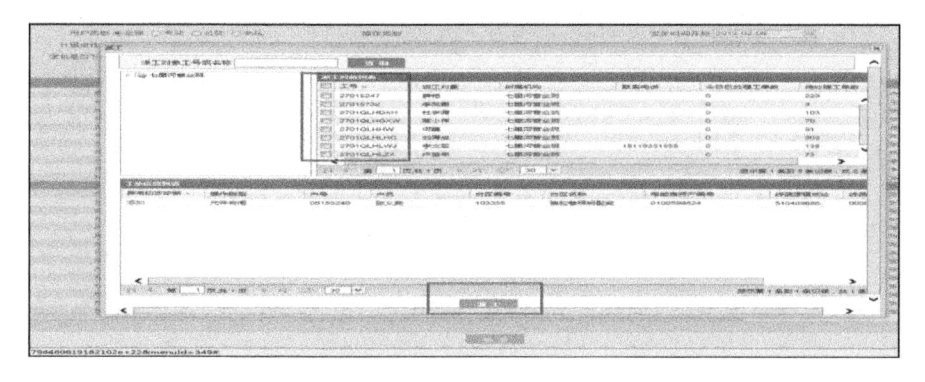

图2-37 选择转派人员

⑥反馈结果查询。

工单反馈成功后，会流转到现场停复电任务查询环节，工单处理状态变成"已归档"，闭环工单流转完毕，系统自动将执行结果推送至采集系统，如图2-38所示。

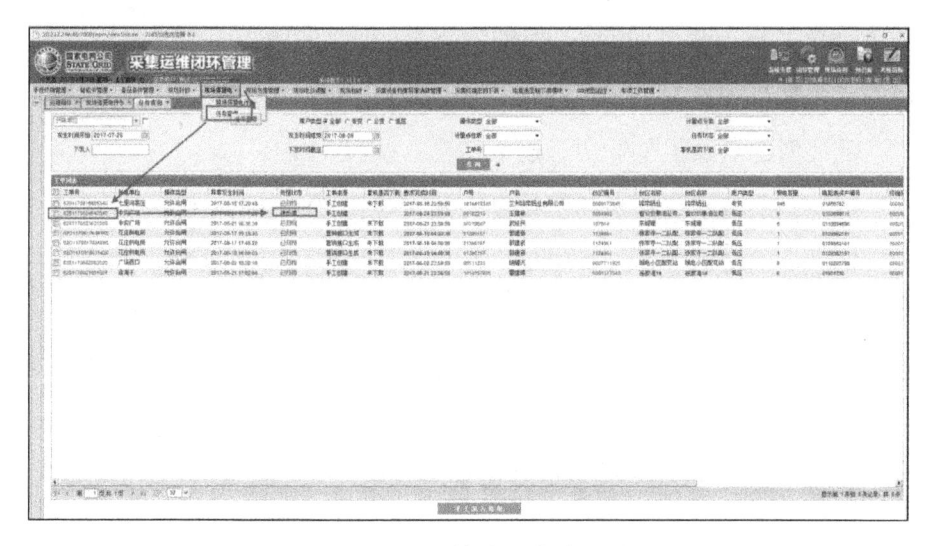

图2-38 反馈结果查询页面

掌机使用注意事项如下。

第一，台区责任人需绑定掌机。

第二，掌机的具体操作参见随掌机下发的操作手册。

第三，掌机手动升级时前置程序设置。

地址：10.212.246.39。端口：7915。监听端口：5000。

第四，各单位申请的移动物联网卡应在以下IP段内。

172.20.0.1—172.20.255.254；

172.21.0.1—172.21.255.254；

172.22.0.1—172.22.255.254。

第五，掌机开机密码为"111111"（即6个"1"），若密码连续输错6次，该操作员卡片将被冻结，须将掌机送至省计量中心解锁。

⑦备用复电方案。

对于采集系统复电指令执行失败但没有通过接口程序转给采集闭环，或营销系统反馈采集执行成功但现场表计处于拉闸状态的情况，为了确保客户在交费后的24小时内复电，可以采用手动创建复电工单的方式给掌机下发复电任务，进行现场复电。

手动创建复电工单适用于以下情况。

第一，采集系统推送的工单已失效，现场仍未复电。

第二，手动创建的复电工单，结果不会反馈给采集系统。

第三，若采集系统在3天内将同一表计的复电工单推送给闭环系统，手动创建工单执行结果将会反馈给采集系统。

第四，营销系统反馈采集执行成功但现场表计处于拉闸状态。

创建方法：在现场停复电待办页面，单击页面底部的"创建复电工单"按钮，如图2-39所示。

图 2-39 现场停复电待办页面

在弹出的"表计选择"窗口中,根据查询条件查询到相应数据,选中之后单击"创建复电工单"按钮,如图 2-40 所示。

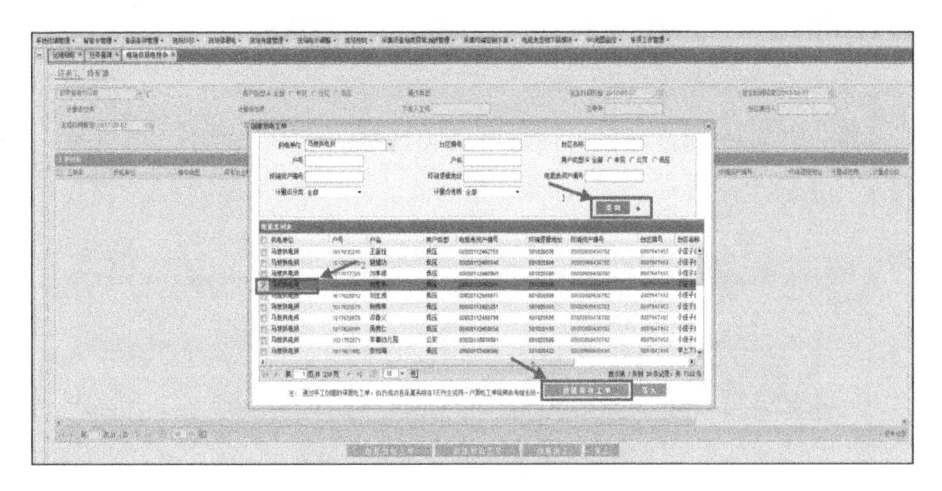

图 2-40 "表计选择"窗口

在弹出的"选择操作类型"窗口中,按照现场表计规范类型选择相应的合闸方式,09 规范电能表选择"允许合闸",13 规范电能表选择"立即合闸"。确定要求完成时间,该时间为本次创建的复电任务要求的完成时间,超过该时间没有反馈,18 小时后工单将失效。选好之后单击"确定"按钮,完成复电任务的手动创建,如图 2-41 所示。

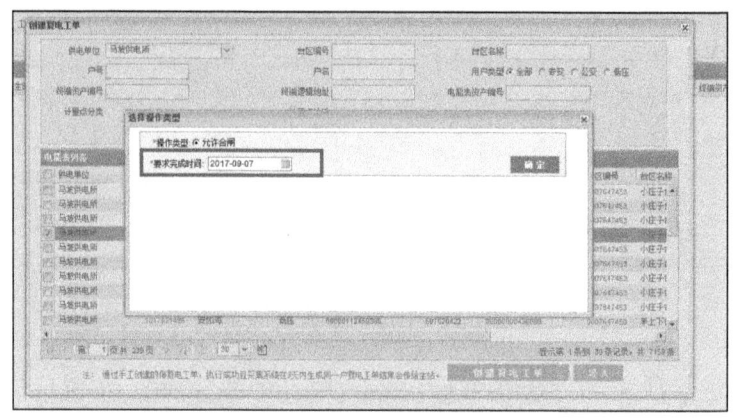

图 2-41　选择操作类型窗口

手动复电任务创建完成之后，可手动派工到掌机。

⑧手工录入结果。

进入任务查询页面，勾选需要录入结果的工单，单击"手工录入结果"按钮，如图 2-42 所示。

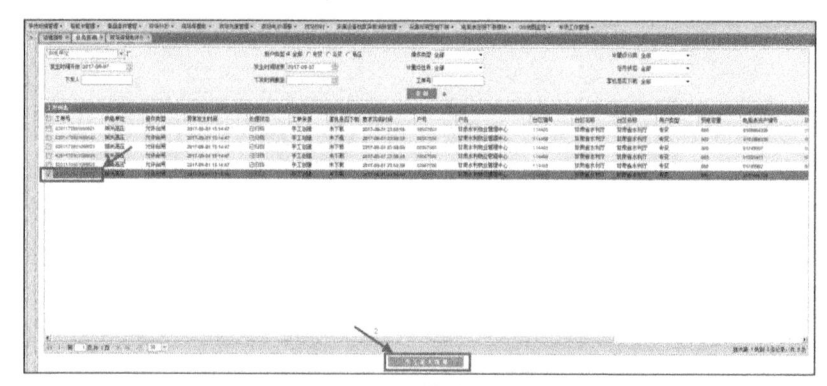

图 2-42　任务查询页面

手工录入结果的工单需具备两个前提条件：一是工单处于"待反馈"环节，二是工单已下载到掌机。

第一，在现场复电成功后，为了及时在系统中反馈复电结果，可以先在系统中手工做复电结果录入，以提升掌机复电及时率。

第二，现场移动网络信号弱或不稳定，掌机复电后不能及时向采集闭环自动反馈结果时，可以在采集闭环中做手工结果录入。

在弹出的"结果录入"窗口中，选择"工单处理结果"，填写备注说明，单击"保存"按钮（见图2-43）。结果录入成功，流程结束。

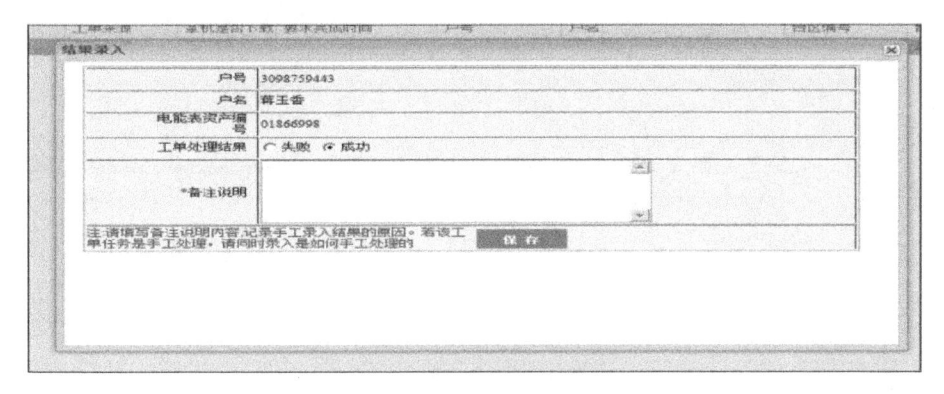

图2-43 "结果录入"窗口

如果工单已超期，则不能输入工单处理结果，只能输入超期原因（见图2-44）。注意：超期工单手工录入结果不会反馈采集主站。

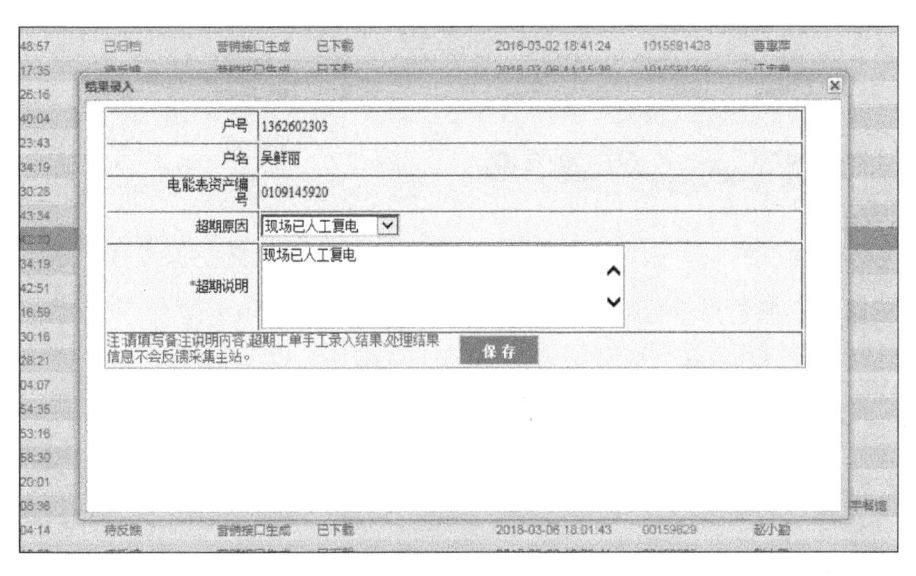

图2-44 超期工单手工录入结果

⑨重新执行。

进入"现场业务管理→现场停复电→现场停复电已办"页面，选择"已归档"Tab页，选择工单"重新执行"，如图2-45所示。

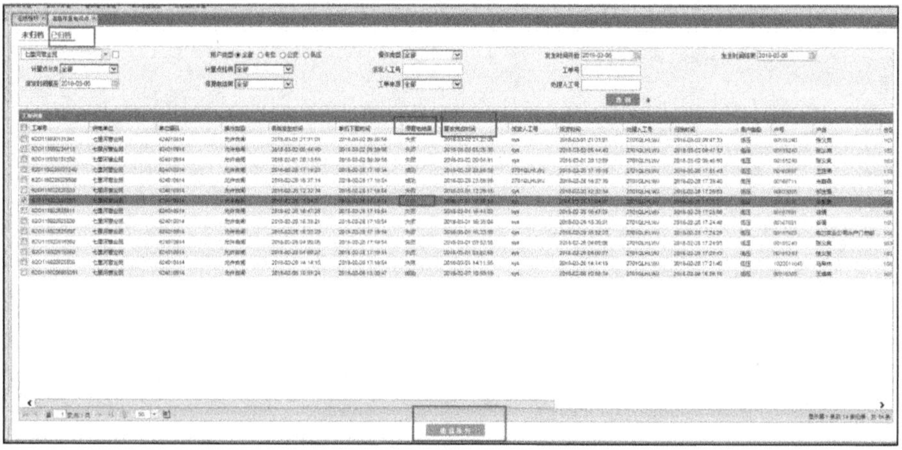

图2-45 "已归档"Tab页

重新执行的工单需具备两个前提条件：一是工单现场执行结果为"失败"，二是工单尚未失效。

单击"重新执行"按钮后工单将发送到第一次执行时的掌机。

（五）指令下发延期管理

管理节假日、夜间、重要会议启动保电工作等需要保障用电的要求时段，配置指令延期下发策略，以保障客户正常用电。

1. 登录

登录系统后，指令下发延期策略初始化页面时，"供电单位"默认为操作员登录单位，"指令类型""重复类型""生效标志"选择项能正常显示，如图2-46所示。

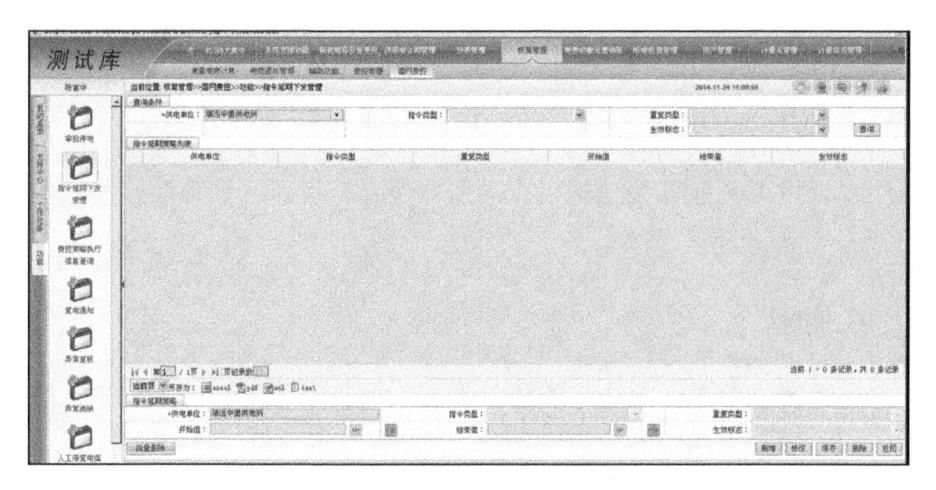

图 2-46 指令下发延期管理页面

2. 查询

根据要求选择"供电单位"(必选)、"指令类型""重复类型""生效标志",单击"查询"按钮,如图 2-47 所示。

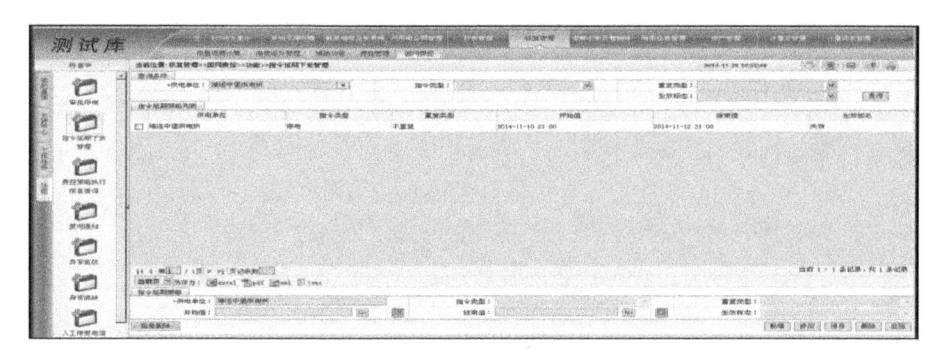

图 2-47 查询设置页面

3. 新增

单击"新增"按钮,指令延期策略 Tab 页输入框状态为可输入。

4. 修改

选择延期策略信息,单击"修改"按钮,指令延期策略 Tab 页输入框状态为可输入。

5. 保存

新增或者修改延期策略后，单击"保存"按钮，列表刷新展示保存后的最新信息。

6. 删除

选择延期策略，单击"删除"按钮，能正常删除策略，如果策略已经被使用则不能删除。

三、高压智能交费业务

(一)实施范围

高压智能交费业务的实施范围如下。

①对地下采矿、化工、供水、供暖、污水处理、政府等原因中断供电可能造成人身伤亡、较大环境影响、较大政治影响、较大经济损失、社会公共秩序严重混乱或对供电可靠性有特殊要求的重要电力用户的重要负荷不宜实施智能交费业务,但对其非重要性负荷可视实际用电和安全生产状况实施智能交费业务。

②对中断供电后不会造成人员伤亡、重大安全事故和严重政治及社会影响的普通电力用户原则上应全部实施智能交费业务,对临时用电客户优先实施智能交费业务。

③趸售、并网电厂、合表居民小区、分布式光伏、电信运营商等特殊客户暂不实施智能交费业务。

(二)业务规则

高压智能交费的业务规则如下。

①办理智能交费业务应与用户签订《智能交费电费结算协议》,条款中应包含电费计算规则、计算频次,预警阈值、停电阈值,预警、取消预警及通知方式,停电、复电及通知方式,通知方式变更,有关责任及免责条款等内容;符合高压智能交费业务实施范围或存在电费回收风险的客户应在新装、增容时一并办理,严禁工作人员私自代签《智能交费电费结算协议》。

②用户在办理新装、增容时必须由电费专业人员确认是否安装智能交费终端,计量专业人员根据电费专业人员确定的回收风险控制点,进行智能交费终端的安装与调试。高压专变用电客户的智能交费终端

安装点原则上应选择在 T 接点负荷侧，对于现场条件不满足，确实需要共用开关的，应征得设备管理部门或调控部门或资产所属方同意。高压专线用电客户的智能交费终端安装点原则上不得选择在变电站关口侧，应优先选择控制非生产性、非重要性的负荷，对于确实需要安装在变电站关口侧的，应征得设备管理部门或调控部门或资产所属方同意。

③停电催费是供电企业常用的一种催费方式，可有效避免电费损失，对部分恶意欠费客户的催费效果明显，但停电催费极易造成供用电双方关系紧张，甚至会因执行不规范引发供电企业违约事件。建议各单位采取差异化催费策略，综合应用各类催费手段，将停电催费作为最后的手段。发起停电申请前，应通过手工短信（电费提醒）再催收一次，再次提醒客户及时交纳电费，尽量减少停电催收次数。

④在开展停电工作前，应核查营销业务系统中用户停电轮次是否已正常维护，多轮次用户需核查系统轮次对应的开关是否与现场一致，在无法确定的情况下，须进行现场核查，要坚决杜绝停错电的问题。每日停电时间应安排在上午 9：00—12：00，高压客户需预留够的交费时间，下午尽量不开展停电工作。高压客户在国家重大节日等保电期内不允许停电，其余时间均可实施停电。

⑤在停电过程中必须履行告知流程，在发起停电流程后，台区经理需要现场告知用户即将被中止供电，并明确告知用户停电范围，督促用户做好停电准备，提前完成设备停用和人员撤离，避免中止供电后发生安全事故或设备损坏，在确保现场万无一失的情况下方可实施停电操作。

⑥因高压客户停电存在一定的安全风险，为确保安全，各单位在停电过程中应遵循以下原则：同时具备总控和分路控制的用户，优先

通过分路控制中止其生活及办公用电，在同时具备高压侧费控和低压侧费控的情况下，优先使用低压侧费控进行停电，以防范高压开关停电对电网造成冲击。

（三）电费测算

电费测算方式如下。

①远程费控系统按照营销业务应用系统中客户执行电价标准、计费参数、日采集电量、交费情况进行已用电费和可用余额计算，已用电费计算的频度原则上为1日。

②已用电费=基本电费+电量电费（含峰谷）+功率因数考核电费，其中电量电费=（本次采集示数−上次结算示数）×倍率×电价，执行峰谷分时电价用户取各分时段电度电费之和进行测算。变压器损耗电量电费、线路损耗电量电费以月度电费账单为准，不参与按日计算。基本的电费按照实际使用天数计算，已用天数=当前日−上次账单日（即上一次营销结算抄表时间），如果用户变压器在测算时间段内有启停业务，则按实际使用天数测算，基本电费（容量计费方式）=运行容量×测算天数×单价/30，基本电费（需量计费方式）=测算时间段内最大需量值示数×倍率×单价/30。功率因数考核电费通过采集当日用户电能表无功示数，计算用户实际功率因数，按照"功率因数对应的调整系数×（目录电费+基本电费）"进行测算。

③市场化用户电费测算：参与市场化交易的一般工商业用户和大工业用户，按照用户计量点对应的执行电价进行测算，将执行输配电价的计量点按照市场化销售电价进行测算。其中，市场化销售电价=燃煤发电基准电价（0.3078）+对应电压等级的大工业输配电价。

④在用户发生交费、冲正、预收结转、结转撤还、电费发行、退费等业务时，费控系统、营销业务应用系统可实时更新可用余额，已用电费的结果应用于智能交费业务的执行，包括预警、停电、复电等。电费结算仍以营销业务应用系统实际发行的电费为依据。各单位在开展高压客户停复电时，应提前完成线上实时到账交费渠道的推广（e企交），避免用户交费后电费无法到账引发的复电延期问题。

⑤可用天数作为判定用户购电制电费是否充足的重要依据，具有比可用余额更加明晰的功能，可用天数=可用余额/日均电费，其中日均电费的取值方式为自当日起，取前7天测算电费的平均值。高压客户预警阈值为2天、5天、10天。

（四）策略方案维护

1. 阈值设定

阈值设定包括预警阈值设定、停电阈值设定。各单位可根据用户类型、电压等级、月度电费以及管理需要等，设定和变更预警与停电阈值标准。

（1）预警阈值

高压客户预警阈值应综合考虑客户合同容量、上年度月均电费及管理需要等情况进行设置，各单位可参照以下标准测算设置。

参考标准1：以客户运行容量的60%利用率为基准电量，按20%~30%的预警电量进行设置，即预警阈值=运行容量×720×60%×（20%~30%区间数）×销售电价，销售电价依据该用户上一年度到户均价（元/kW·h）进行计算，到户均价需精准到小数点后2位，不进行四舍五入。

参考标准2：按照不低于上一年度用户月均电费的20%~30%进行设置，即预警阈值=上一年度月均电费×（20%~30%区间数）。

参考标准3：各单位根据用户交费信誉度、交费能力、电费回收风险等实际情况，自行测算调整预警阈值。

（2）停电阈值

可用余额为0或可用天数为0，当日测算可用余额小于停电阈值后，系统将自动生成停电策略。

2. 策略方案维护

通过策略方案维护页面可维护复电方式、停电方式等信息。

（1）维护路径

在营销系统下打开"核算管理→费控管理→功能→费控模式调整申请"功能，如图3-1所示。

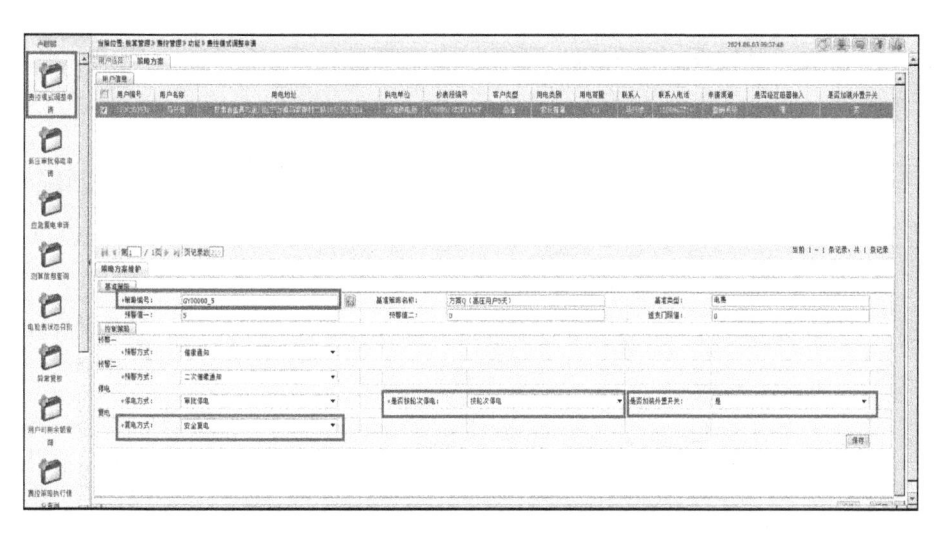

图3-1　"费控模式调整申请"功能页面

（2）维护内容

策略方案维护内容如下。

①复电方式：高压客户复电方式为"安全复电"。

②停电方式：高压客户停电方式为"按轮次停电"。（轮次信息需在营销系统内单独维护。）

③是否加装外置开关：需现场核实外置开关安装及接线情况，若符合条件选择"是"。

（3）轮次信息维护

低压客户是按照表计进行停电，高压客户是按照开关的轮次进行停电，因此在停电流程发起之前，要先在营销系统中设置轮次信息操作方式。

①维护路径：营销系统中的"电能信息采集→采集点设置→功能→终端方案制定"，如图3-2至图3-11所示。

②在发起停电时需准确选择停电轮次，从而确定停电范围，按照"先停接办公用电或生产辅助用电等非生产负荷，后停生产负荷"的原则分次实施停电操作。故轮次一需维护为非生产负荷，轮次二维护为生产负荷。

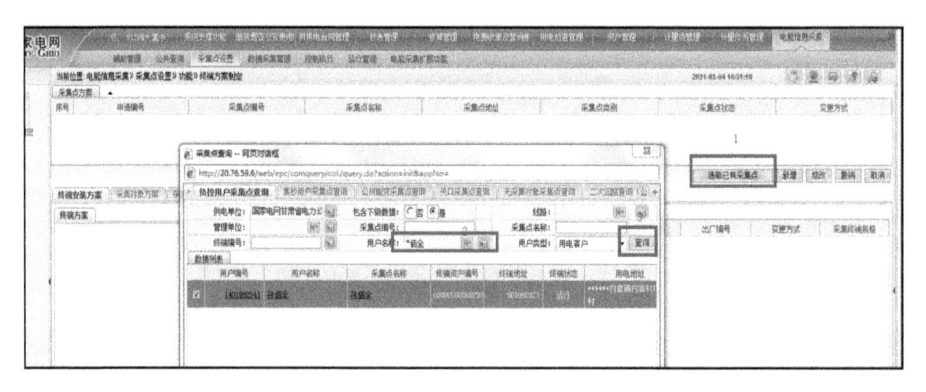

图 3-2　第一步：选取需维护客户

三、高压智能交费业务

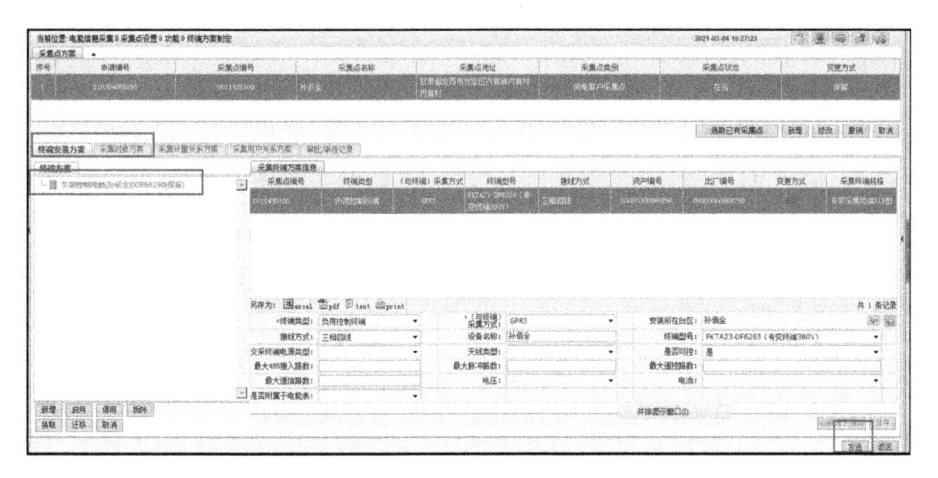

图 3-3 第二步：终端方案制定

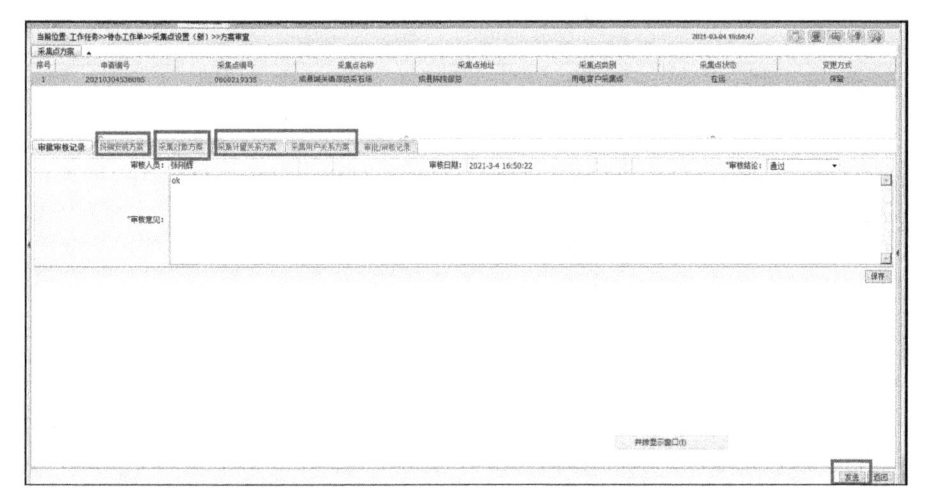

图 3-4 第三步：方案审查

57

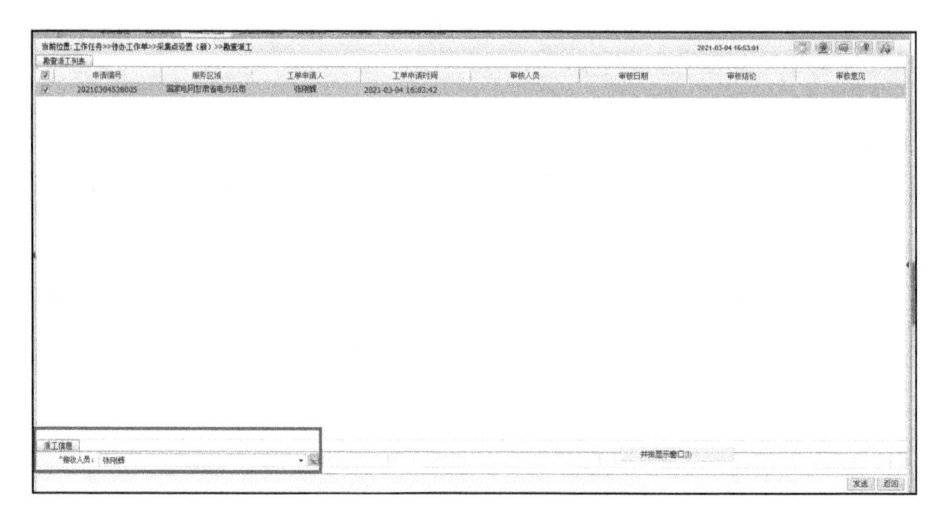

图 3-5　第四步：勘查派工

图 3-6　第五步：勘查录入

三、高压智能交费业务

图 3-7　第六步：装拆派工

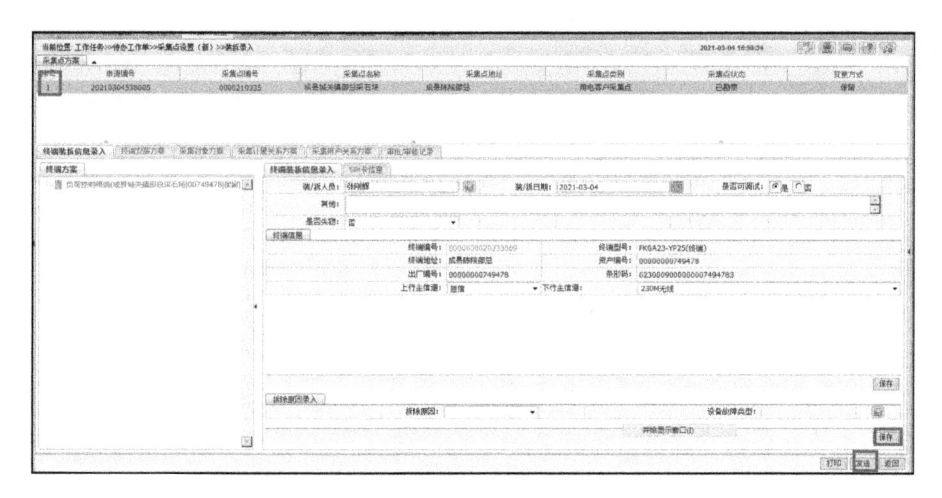

图 3-8　第七步：装拆录入

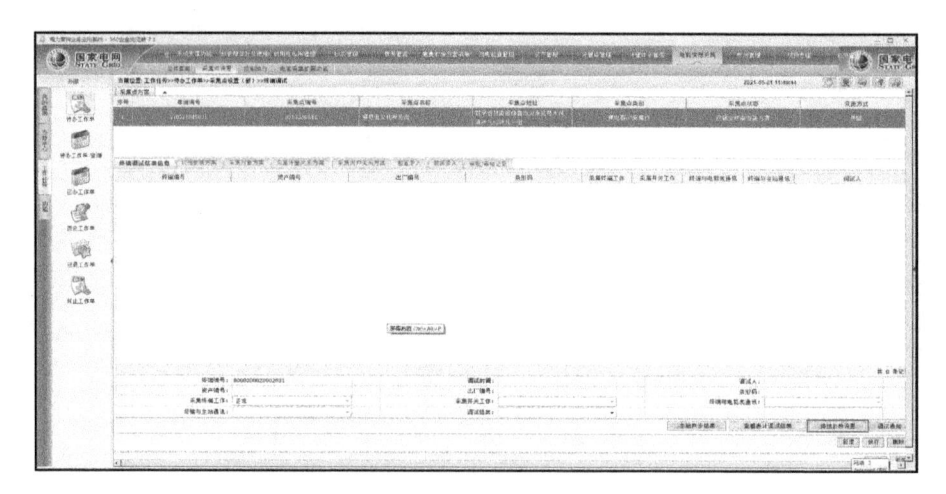

图 3-9　第八步：进行终端参数设置

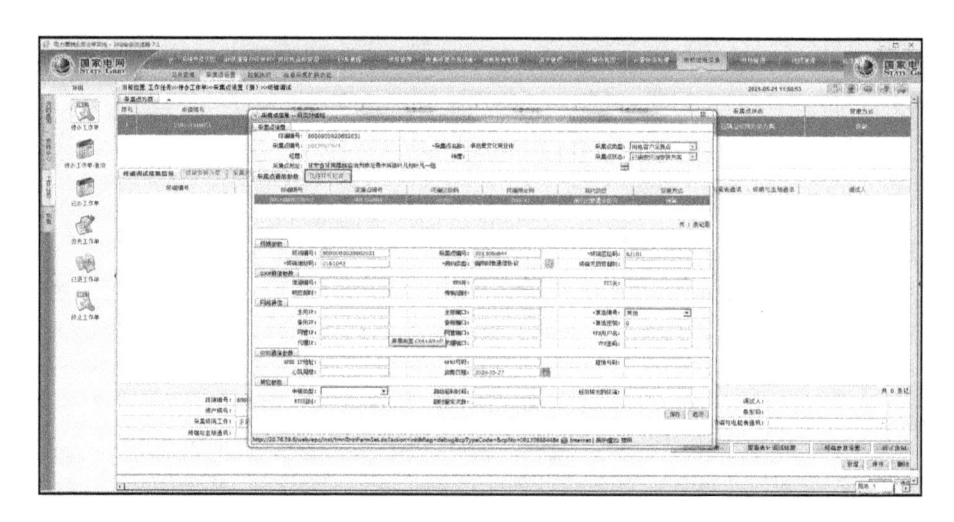

图 3-10　第九步：选择负控开关轮次

三、高压智能交费业务

图 3-11　第十步：维护轮次信息

除"轮次编号""轮次名称""开关名称""开关编号"由各单位根据实际情况自行填写外，其他选项可直接参考上述维护流程进行轮次维护。

维护完成后单击"保存"按钮，关闭窗口，单击"调试通知"按钮，然后单击"终端调试"按钮，复制"申请编号"并前往采集系统进行终端调试，调试步骤如图 3-12 至图 3-15 所示。

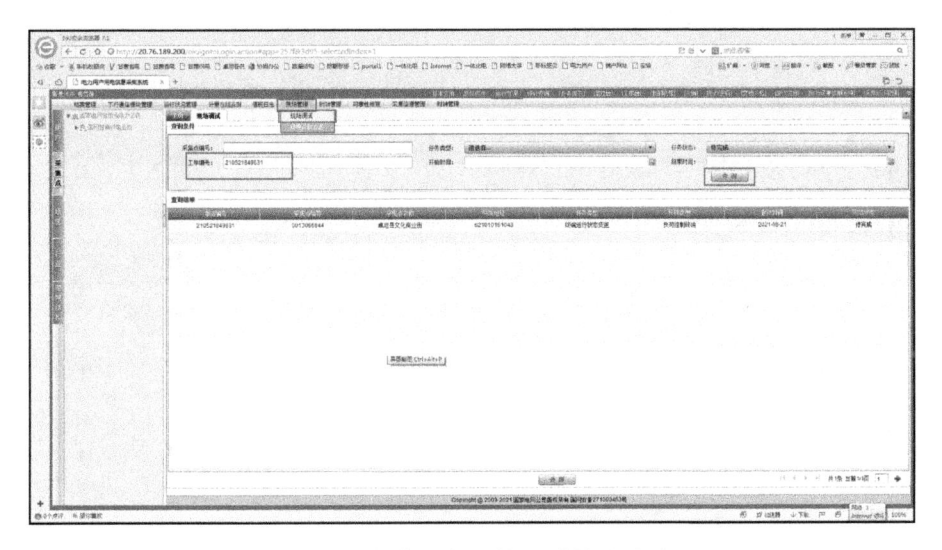

图 3-12　第一步：待调试终端查询

61

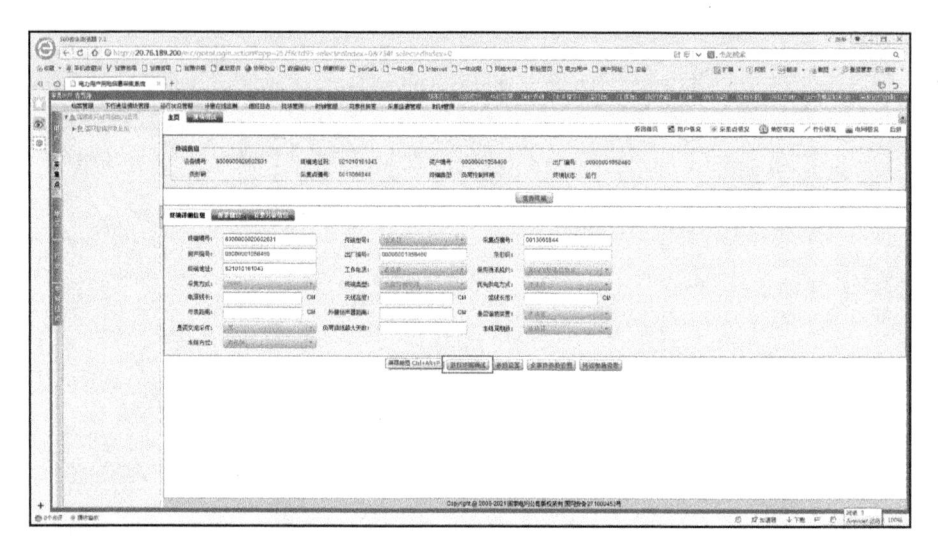

图 3-13 第二步：终端调试（1）

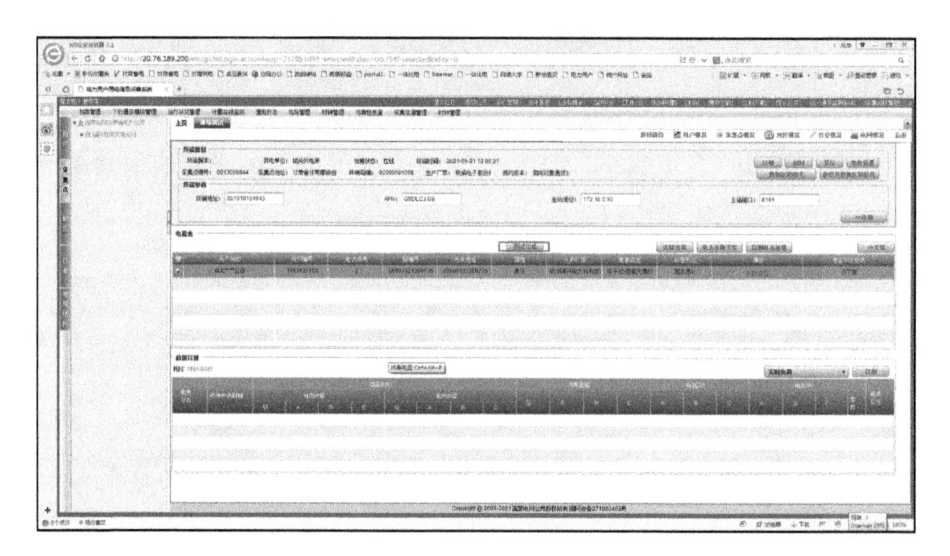

图 3-14 第三步：终端调试（2）

三、高压智能交费业务

图3-15 第四步：终端调试（3）

维护完成后在营销系统内进行流程归档，归档后轮次信息即维护成功。

（五）费控方式

新装（增容）高压客户应按照变压器容量划分，400kVA及以上客户高低压回路应全部具备控制功能，高压侧宜通过真空断路器控制，低压侧宜通过负荷开关控制，结合全省目前报装情况，优先选择高压侧费控；400kVA以下客户可选择将客户低压负荷开关接入费控跳闸回路实现费控。高压费控只允许操作用户侧开关，严禁操作线路侧开关，必须保证主线路安全稳定运行。

高压费控客户可采用总控制或分路控制等方式实现费控。在实际操作中，由于受控制回路现场复杂、不便实施铅封保护、用户可能随意拆除破坏等多种因素影响，原则上建议结合业扩报装要求及费控协议，对于用电性质单一以及断开总开关不会造成人身、设备等重大安

63

全事故或重大经济损失的高压客户，宜直接通过用户侧进线高压总开关或低压总开关进行费控。对于不宜直接断开总开关或断开总开关较困难的高压客户，需根据用户现场实际情况选取一个或几个分路开关进行费控。

（六）业务执行

智能交费业务执行包括电费测算、策略（包括预警、取消预警、停电）、信息、停电指令（包括停电申请和停电审批）、复电指令（包括自动复电、安全复电）。其中，已用电费、生成策略、互动信息由营销信息系统依据规则自动执行，高压客户的停电指令均采取审批停电，高压客户的复电指令采取安全复电。

1. 预警策略

用电客户可用余额小于预警阈值时，用户费控状态由"正常"变更为"预警"，同时每天发送提醒短信，提醒用户及时购电，预警策略由系统自动生成，主要通过短信的形式向台区经理及用户发送提醒信息。

2. 取消预警策略

在用户费控状态为"预警"的情况下，交纳电费且经过系统自动测算，可用余额大于预警阈值时，由系统自动生成取消预警策略，用户费控状态由"预警"变更为"正常"。

3. 停电策略

用户费控状态为"预警"的情况下，一直未发生购电行为，直至用户可用余额小于停电阈值时，系统自动生成停电策略。只有在生成停电策略的状态下，才能通过营销业务系统发起停电流程。

4. 高压客户停电流程

（1）停电注意事项

停电有以下几点注意事项。

①开展停电工作前，应核查营销业务系统中用户停电轮次是否已正常维护（轮次未维护无法发起停电流程），多轮次用户需核查系统轮次对应的开关是否与现场一致，在无法确定的情况下，须进行现场核查，要坚决杜绝停错电的问题。每日停电时间应安排在上午9：00—12：00，高压客户需预留足够的交费时间，下午尽量不开展停电工作。高压客户在国家重大节日等保电期内不允许停电，其余时间均可实施停电。

②在停电过程中必须履行告知流程，在发起停电流程后，台区经理需要现场告知用户即将被中止供电，并明确告知用户停电范围，督促用户做好停电准备，提前完成设备停用和人员撤离，避免中止供电后发生安全事故或设备损坏，在确保现场万无一失的情况下方可实施停电操作。

③因高压客户停电存在一定的安全风险，为确保安全，各单位在停电过程中应遵循以下原则：同时具备总控和分路控制的用户，优先通过分路控制中止其生活及办公用电，在同时具备高压侧费控和低压侧费控的情况下，优先使用低压侧费控进行停电，以防范高压开关停电对电网造成冲击。

④高压客户停电前需通过采集系统或现场解除其所在终端的保电状态，如图3-16所示。

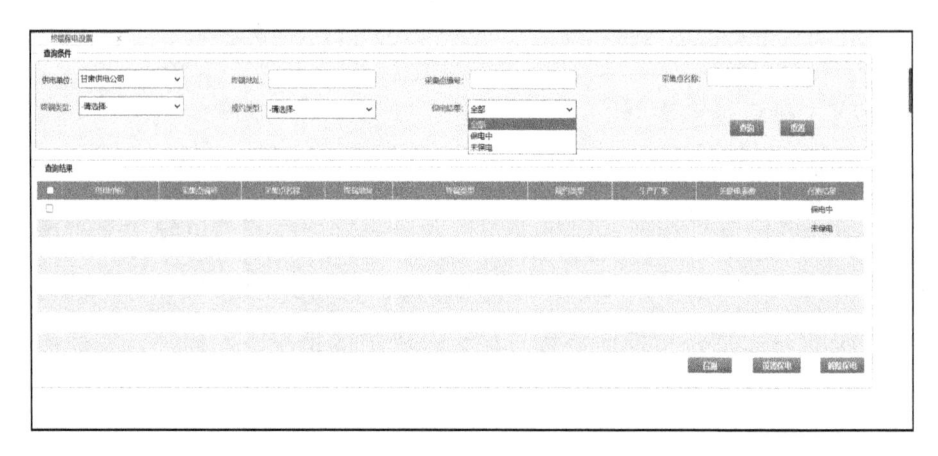

图 3-16 采集系统内终端保电设置

（2）停电流程

当客户费控状态为"预警"，且已生成停电策略时，通过营销业务应用系统发起停电申请，停电申请发起人员为供电所台区经理。原则上发起停电申请前，应通过手工短信（电费提醒）再催收一次，再次提醒客户及时交纳电费，尽量减少停电催收次数。

①停电申请路径："核算管理→费控管理→功能→高压停电流程申请"，如图 3-17 所示。

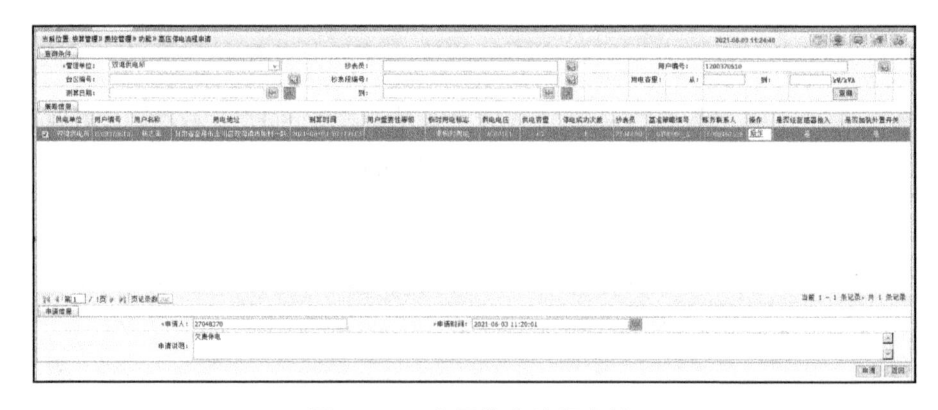

图 3-17 高压停电流程申请

②目前甘肃省 10kV 高压客户采取三级审批制度，一级为供电

班（所）长，二级审批为县（区）公司营销部主任，对于容量大于200kVA的用户，需要进行三级审批，三级审批人为县（区）公司营销副经理。审批流程如图3-18至图3-23所示。

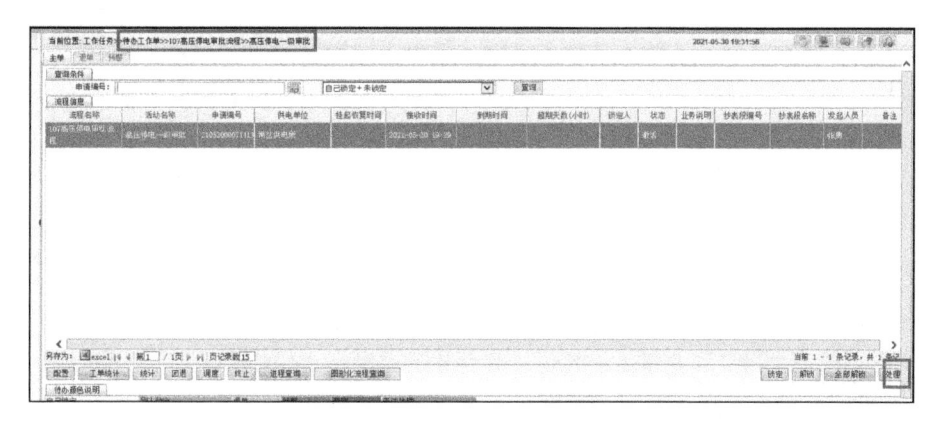

图3-18　高压停电一级审批（1）

图3-19　高压停电一级审批（2）

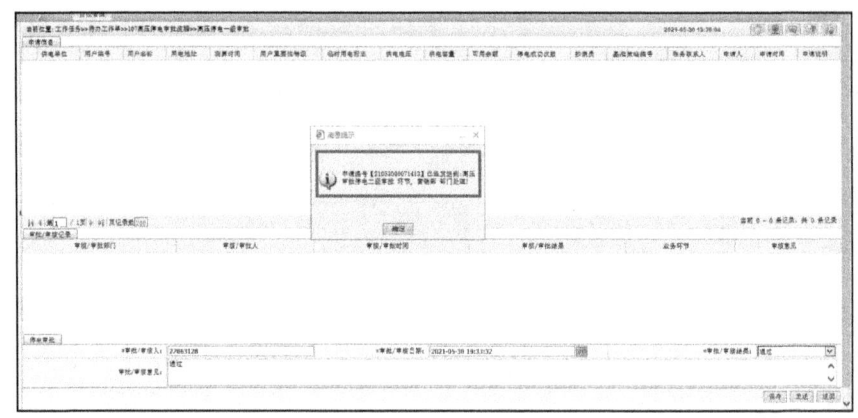

图 3-20　高压停电一级审批（3）

图 3-21　高压停电二级审批（1）

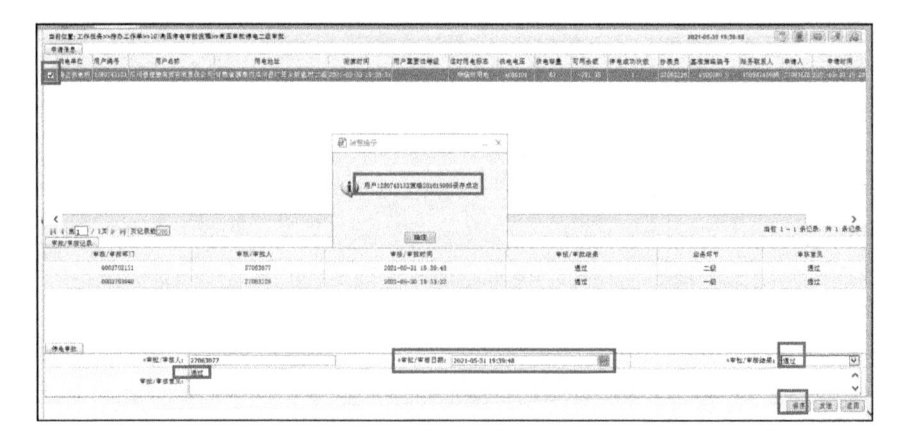

图 3-22　高压停电二级审批（2）

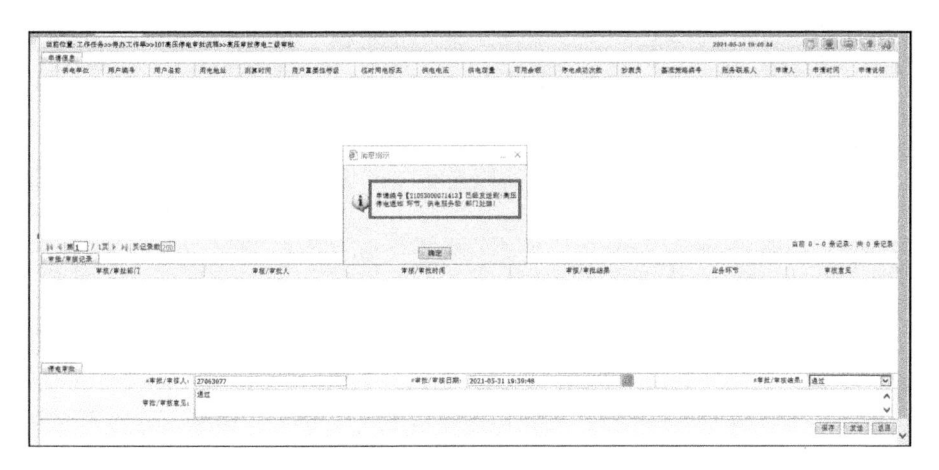

图 3-23　高压停电二级审批（3）

（3）停电通知及结果反馈

在完成停电审批后，供电班（所）长需安排人员打印停电通知书，前往用户处现场告知停电注意事项并完成客户签字确认。在用户已收到通知但拒不签字的情况下，可通过现场工作记录仪拍摄现场告知录像或录音，并上传至营销系统，将停电流程发送至下一环节，如图3-24至图3-27所示。

图 3-24　高压停电通知

图 3-25 派送高压停电通知单（1）

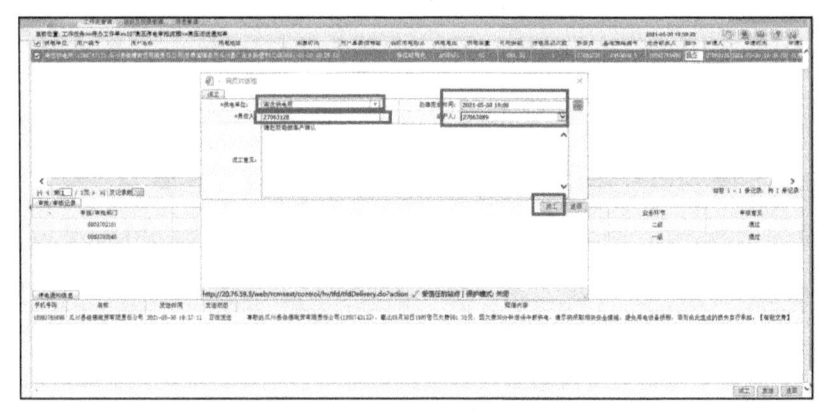

图 3-26 派送高压停电通知单（2）

图 3-27 高压停电通知单反馈

注意：反馈内容为音视频文件以及停电通知单扫描件的压缩文件，

压缩文件不宜过大。客户服务中心（电费中心）停电验签人员需认真核对高压停电通知单中反馈的内容，验签人员在确认停电通知单或现场录音录像已正常上传，且已告知到位的情况下，进行停电验签操作，正式下发停电指令，完成停电操作。

（4）停电验签

停电验签环节由地市公司智能交费业务管控班操作，操作人员在确认停电通知单或现场录音录像已正常上传，且已告知到位的情况下，进行停电验签操作，正式下发停电指令完成停电操作。停电验签流程如图3-28至图3-32所示。

图3-28　选择停电轮次（1）

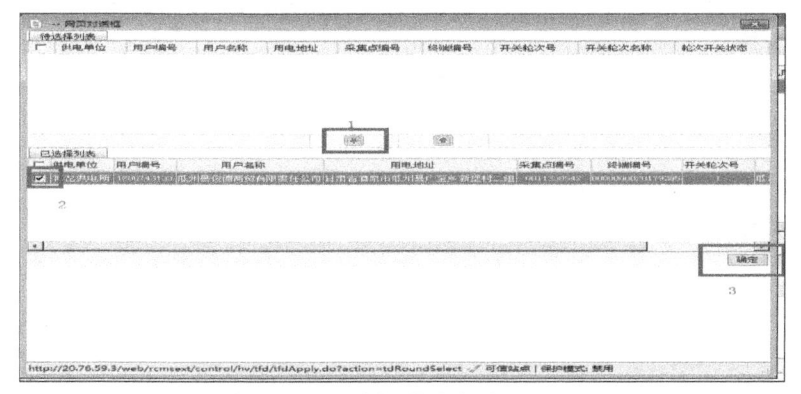

图3-29　选择停电轮次（2）

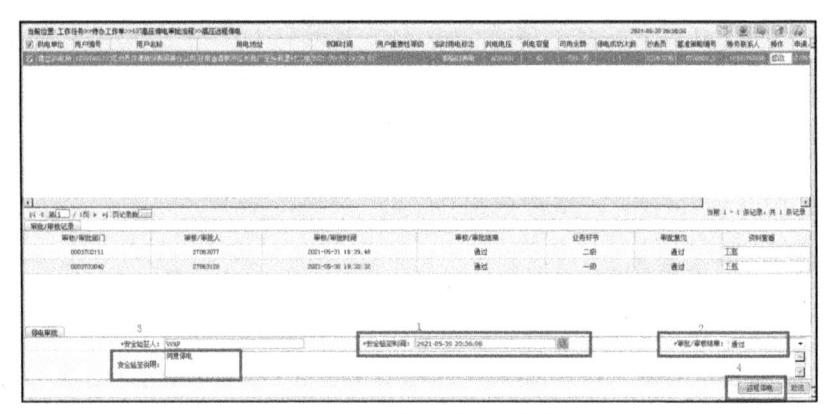

图 3-30　执行高压远程停电

图 3-31　高压远程停电指令下发成功

图 3-32　高压停电复核

5. 高压客户智能交费信息

向客户发送的短信包括高压电费预警、高压电费提醒、高压停电提醒、高压安全复电提醒等，向台区经理发送的短信为高压安全复电提醒。所有短信均由营销信息系统依据规则自动发送，高压电费提醒仅在计算日发送，高压电费预警在用户可用余额小于预警阈值后，每天发送1次，高压停电提醒在停电成功后实时发送，高压安全复电提醒在满足复电条件后（可用余额>0）实时发送。向客户发送短信需维护客户的账务联系人和停复电联系人的手机号码，向客户经理发送短信须维护本人手机号码。

6. 停电异常处理

经审批同意的停电客户，在停电失败的情况下，应通过营销业务应用系统进行指令重新下发，3次以后系统仍反馈失败的，应通过录音电话联系客户停复电联系人，明确告知停电的具体范围，通过间接方式查验是否已停电，如未停电则开展采集消缺及开关控制回路的核查工作，同时与用电信息采集系统运维单位联系进行处理。如已停电则记录有关情况反馈给智能交费项目组，由项目组对客户状态信息进行维护变更。

（七）复电流程及要求

1. 高压客户复电流程

（1）复电申请

用户费控状态为"停电"时，在用户足够购电且可用余额大于0后，台区经理可通过营销业务系统发起复电流程，复电方式为"安全复电"，在系统中选择复电范围时，应选择实施停电的对应轮次开关。复电申请流程如图 3-33 和图 3-34 所示。

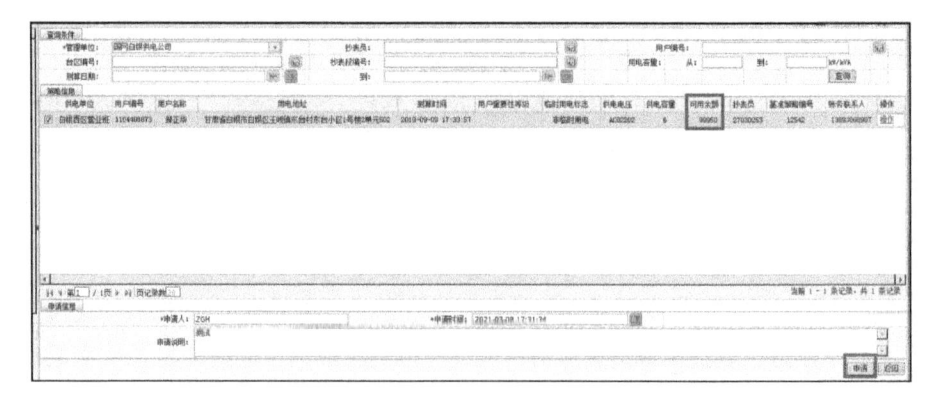

图 3-33　复电申请（1）

图 3-34　复电申请（2）

（2）复电审批

台区经理发起复电流程后，由供电班（所）长进行审核，审核通过后进入复电通知环节，由台区经理电话告知用户已具备复电条件。复电审批流程如图 3-35 至图 3-40 所示。

三、高压智能交费业务

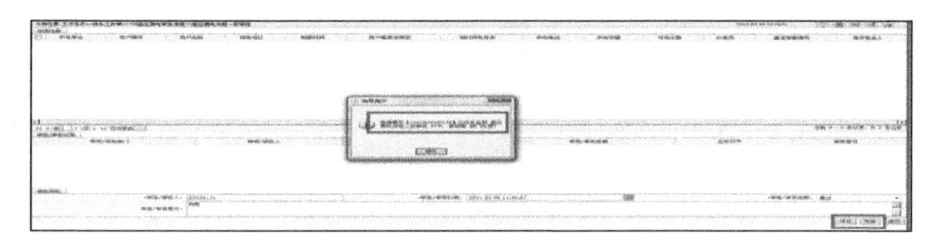

图 3-35　复电一级审批

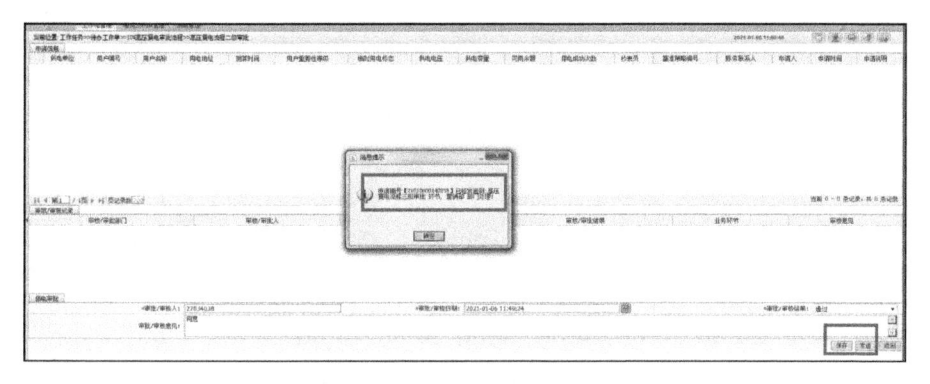

图 3-36　复电二级审批

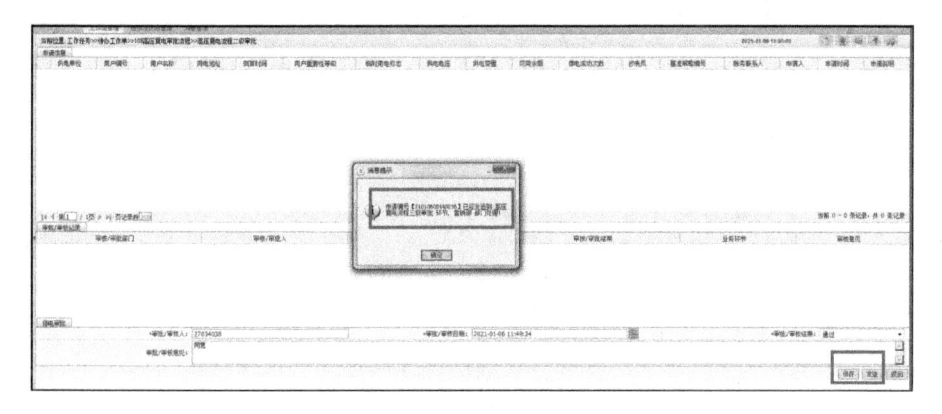

图 3-37　复电三级审批

75

图 3-38　发送复电工单

图 3-39　选择轮次，发送复电指令

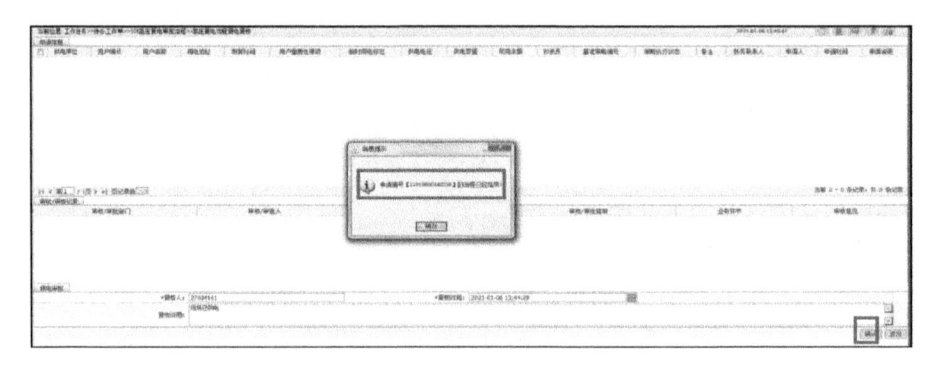

图 3-40　复电复核流程

（3）复电派工及现场安全复电

台区经理在通知客户后，由供电班（所）长进行派工，安排相应的人员前往用户处进行现场复电，台区经理到达现场后，在确认安全的情况下手动操作开关复电机构，完成复电工作。

2. 复电工作要求

复电工作有以下几个要求。

①高压客户复电失败可能会给客户带来较大影响，直接造成经济或安全损失，需重点关注。建议各单位客户经理设置A/B岗，同时在与电力客户通话过程中，必须采取电话录音方式，留存相关资料备查。

②发起复电流程后，客户经理应第一时间告知电力客户注意现场安全，明确告知客户严禁私自操作开关合闸，操作机构私自进行复电，避免出现误操作而引发线路跳闸、设备损毁、人身安全事故。

③在复电时，应严格按照《国家电网公司电力安全工作规程》（以下简称《安规》）的规定办理倒闸操作票，并根据现场情况领取相应的安全工器具，在操作过程中应由一人监护，另一人进行操作，严禁单人前往客户侧开展复电作业，工作结束后操作票和派工单按照规定保存归档。

④在进行现场安全复电操作时，应严格遵守《安规》的规定，逐级进行送电，在断开所有用电设备无负载的情况下进行操作，严禁带负荷合闸。台区经理在完成所有费控开关合闸操作后，应提醒客户对全部用电设备进行试运行，确保所有设备能够正常使用后方可离开现场，在此期间台区经理严禁操作用户设备，以免发生触电等意外事故。

⑤若在复电过程中发现无法正常合闸，应及时与用电信息采集系统运维人员联系并分析原因，如因采集终端未解锁造成开关无法复电的，在确保现场安全的情况下，可重新下发指令，连续3次失败的，应会同计量人员进行现场处理；如采集终端已解锁，开关复电不成功的，应检查开关控制回路接线是否正确，同时告知客户由其电气技术人员在确保安全的情况下核查原因，如客户需要现场技术指导，应予

以配合，但严禁操作资产属于电力客户的设备。

⑥在客户足额购电后各单位应及时安排台区经理进行复电，城区高压客户复电时间不超过2小时，农村地区不超过3小时，特殊偏远地区不超过8小时。最大限度地压缩停电和复电时间，减少客户的经济损失和公司的电量损失。在高压停复电过程中，涉及现场告知及操作的工作，必须全程使用现场工作记录仪，以确保在产生纠纷后能够提供充分、有力的证据。

四、智能交费远程停复电应用申报开通准备

四、智能交费远程停复电应用申报开通准备

为准备指导各单位有序完成停复电应用开通申报工作，项目实施组按照省公司安排编写了本培训教材，本培训教材对各层级在申报开通停复电应用过程中需要独立和配合完成的相关工作内容进一步做了细化，可用于各单位组织开展申报工作前的参考。

（一）地市单位申报前需做的准备

各单位参考附件三中"智能交费远程停复电业务开通申报条件"，对申报条件逐一落实，满足申报条件后，还需做好以下几项工作。

1. 相关系统权限申请

原则上各单位应以县公司为基础单位组织申报，参照附件一中"国网××供电公司远程停复电系统权限开通申请表"的模板完成营销系统、采集系统、采集闭环系统中相关权限的申请，由地市智能交费支撑团队专责汇总统计，加盖营销部公章后上报省智能交费项目实施组。

注意事项如下。

①若在采集闭环系统中没有远程费控的相关权限，由地市营销部计量采集专责负责完成工号创建和角色授权。

②若在地市层面集约开展停复电工作，各供电所所长也要申请该权限，在审批停电进行流程化改造之前，先通过线下申请，批量执行的方式来申请停电。

2. 营销系统

申请"审批停电（市）"及"应急复电"功能的权限。

核查账务联系人电话号码是否为空，客户联系方式变更时及时更新。

熟练掌握审批停电、费控策略执行情况查询监控的相关操作。

熟悉费控相关的4个自定义查询的统计口径及操作，具体内容如下。

①"RCMS_FKTG_001"：远程费控推广情况信息查询。

②"RCMS_FKTG_002"：远程费控执行情况信息查询。

③"RCMS_FKTG_003"：远程费控用户是否上传电子协议明细。

④"RCMS_FKTG_004"：未开通远程费控用户明细。

停复电开展前应联系省级项目实施组统一处理历史"未执行"及"执行终止"的策略信息。

3. 采集系统

申请开通供电所所长及内勤人员"费控管理""电表费控参数召测"相关权限。

熟练掌握系统中"费控管理"召测及公共查询的操作。

4. 采集运维闭环管理平台

按照各单位分配给供电所（营业班）的掌机在采集闭环中完成掌机操作员卡写卡用户（工号）与台区之间的关联，即完成台区责任人设定，详细操作见第二单元中"复电规范"的"自动派工"。

注意事项如下。

①供电所（营业班）所有台区必须与已绑定掌机的台区责任人完成关联。

②掌握在闭环系统中手动创建复电任务工单的相关操作。

③掌握在闭环系统中手动反馈复电执行结果的相关操作。

④掌握采集闭环费控相关功能操作。

5. 计量掌机

第一，各地市公司应联系掌机厂家完成掌机档案信息在采集闭环系统中的数据迁移及建档工作。

第二，联系掌机厂家（深圳科曼）完成掌机程序升级（升级为接入闭环的程序）。

第三，联系掌机厂家（深圳科曼）完成。

第四，由地市公司营销部采集专责协调移动公司完成掌机移动物联网卡（SIM卡）的开卡和IP地址绑定。

注意事项：新开卡的IP地址需在以下3个地址段内，具体内容如下。

① 172.20.0.1—172.20.255.254；

② 172.21.0.1—172.21.255.254；

③ 172.22.0.1—172.22.255.254。

第五，各单位通过自有资金购买的掌机需要在省计量中心完成掌机操作员卡、业务员卡的写卡和密钥灌装等工作，由省公司统一配发的掌机不需要开展上述工作。

第六，熟练掌握掌机复电及复电后反馈的相关操作。注意事项如下。

①升级对象：需要接入闭环系统的Ⅱ代掌机，Ⅲ代掌机不需升级。

②Ⅱ代掌机如果没有安装移动物联网卡（SIM卡），在任务下载及反馈复电结果时，需通过掌机上的USB线连接到本地计算机上进行任务下载和反馈，详细操作见附件四"掌机操作说明"。

（二）停电前的准备工作

1. 加大停复电宣传力度

对已签约开通智能交费且首次应用欠费远程停电的客户，各单位应提前履行告知程序，主要方式包含但不限于以下几类。

①通过报纸、电视台等新闻媒体方式进行公告。

②在小区张贴智能交费温馨提醒。

③在农村区域通过村民委员会广播等形式通知。

④各单位认为有必要采取的其他措施。

对于已履行上述程序但客户仍未及时交费的，可启动欠费远程停电流程。各市（州）供电公司要统一规范停电前的催费及停电行为，确保客户服务工作不受影响。

2. USB Key操作

各单位应根据本单位实际情况选择审批停电模式，对于目前县公司层面及供电所还未配置USB Key的单位，可在开通的同时申请供电所、县公司专责营销系统"审批停电（市）"的功能权限，由供电所所长每日通过营销系统筛查欠费列表，并通过体外流转的方式将当日需要进行审批停电的用户申请发到县公司及地市公司营销部，最后由各单位持停电USB Key的相关人员在营销系统中完成最终审批、触发停电指令。

申领USB Key的具体事宜可与省公司营销部××联系咨询。注意事项如下。

①发放至各单位的USB Key中写入了人员工号等相关信息，需与插USB Key的计算机上登录营销系统的工号一致才能正常操作，否则不能进行审批。

②发放给各单位的 USB Key 须专人专用，不得混用，不得交由他人代管使用。

③如人员调离，USB Key 交省公司注销，接替人员须向省公司申领 USB Key。

④个人负责本人 USB Key 日常管理，USB Key 使用完须立刻收回并妥善保管，不得持续连接主机。

3. USB Key 环境配置

在营销系统进行审批停电之前，需对 USB Key 的运行环境进行配置，具体配置操作见第五单元"审批停电客户端环境配置"。

（三）省级项目实施组准备工作

省级项目实施组准备工作如下。

①删除历史策略信息。将开通单位"未执行"及"执行终止"的策略删除。

②修改费控状态。将开通单位以前处于"预警"状态的策略修改为"正常"，让用户再接收一次预警短信。

③协调朗新公司将策略的调度任务配置到县公司。

④将客户状态校验功能权限分配到各地市公司智能交费支撑团队专责。

⑤省级项目实施组按照各单位申报情况及时更新国网 95598 知识库系统中智能交费业务相关的知识元，持续与国网客服南中心进行汇报沟通，促请按照总部营销部《关于公司智能交费业务推广过程中 95598 工单处理意见》合理派发客户诉求工单。

⑥建立各级联动、相关厂商密切配合、分工协作的高效沟通和问题处理工作机制，有效支撑各单位停复电应用。

五、审批停电客户端环境配置

（一）OCX控件配置

1. USB Key接口库安装

USB Key接口库安装的步骤如下。

①开始安装。双击"GWJLZX-UKey_Setup.exe"或在计算机 - CD驱动器中双击"GWJLZX-UKey_Setup.exe"，位置如图5-1和图5-2所示。

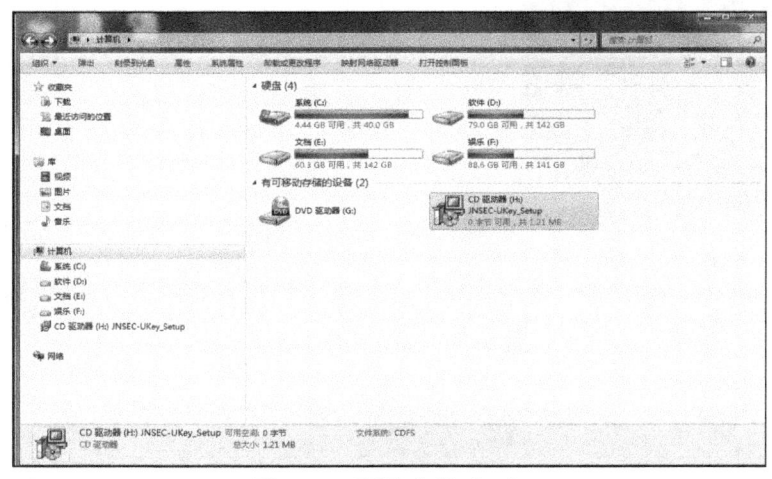

图5-1　驱动安装（1）

图5-2　驱动安装（2）

②单击"下一步"按钮，如图5-3至图5-5所示。

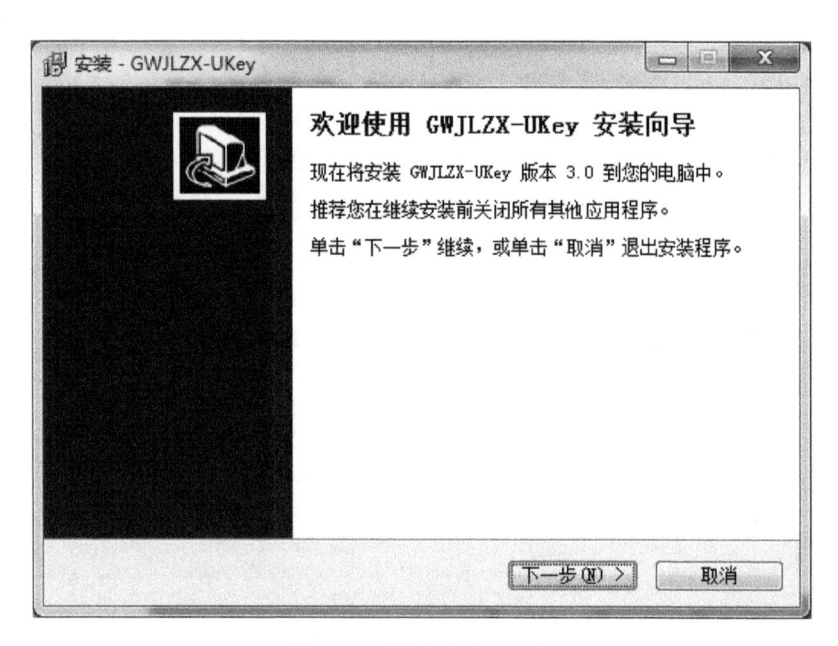

图5-3 驱动安装（3）

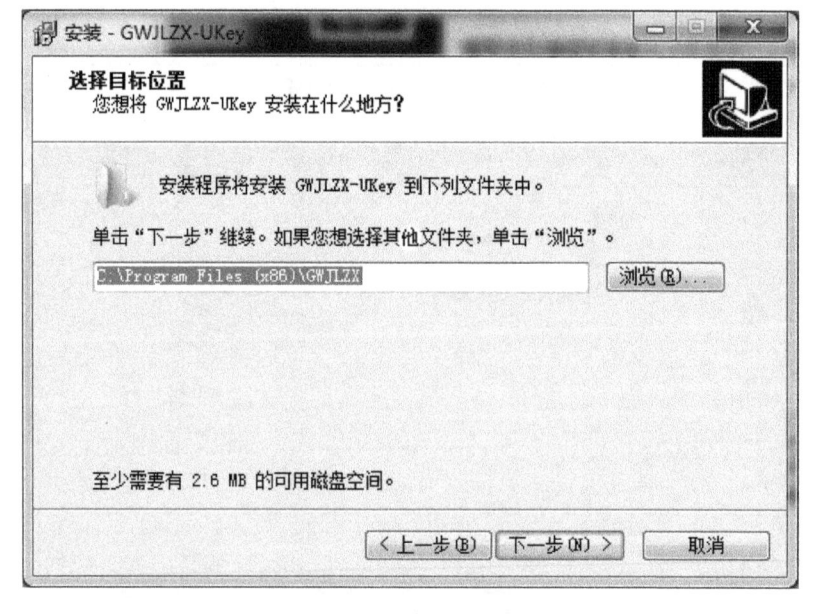

图5-4 驱动安装（4）

五、审批停电客户端环境配置

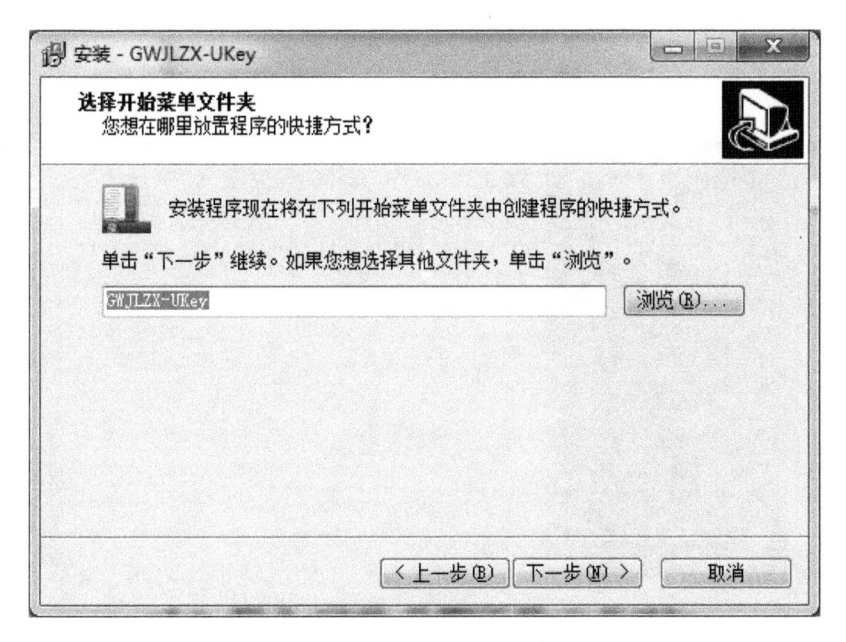

图 5-5　驱动安装（5）

③单击"安装"按钮，如图 5-6 所示。

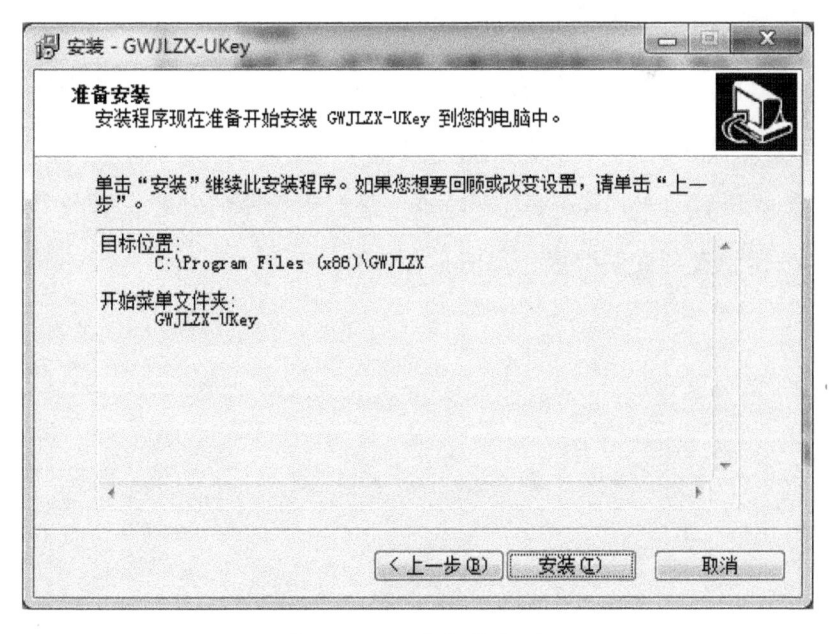

图 5-6　驱动安装（6）

④单击"完成"按钮，如图5-7所示。

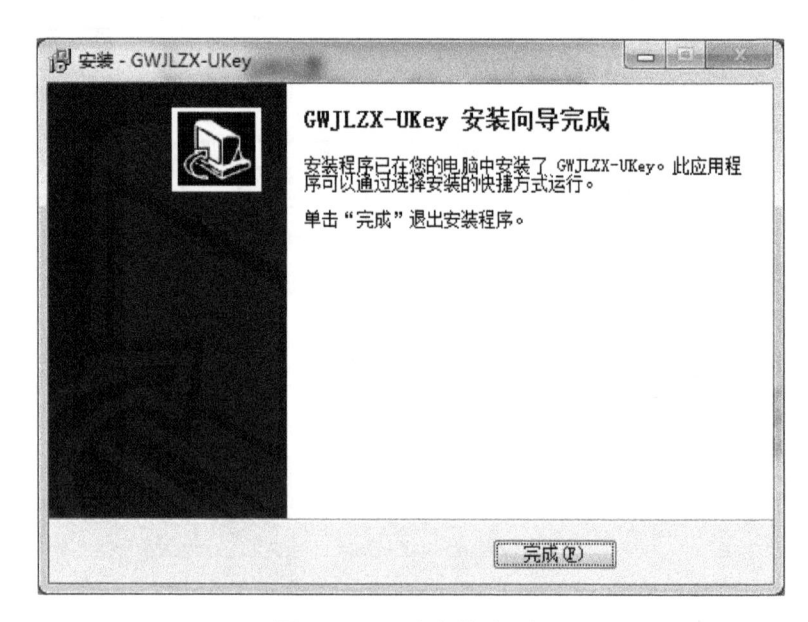

图5-7 驱动安装（7）

2. 安装MFC运行库

安装MFC运行库步骤如下。

①解压压缩包"VC6.0_Win7_XP85.rar"。

②解压后双击"vc6_cn_full.exe"进行运行库的安装，单击"下一步"按钮，直到安装完成，如图5-8所示。

五、审批停电客户端环境配置

图 5-8 驱动安装完成

3. 注册OCX

（1）将usbkeyApi.ocx复制到系统目录

① 32位的操作系统：将usbkeyApi.ocx复制到"C:\Windows\System32\"目录下。

② 64位的操作系统：将usbkeyApi.ocx复制到"C:\Windows\SysWOW64\"目录下。

（2）OCX注册

进入操作系统目录C:\Windows\System32，单击选择"cmd"→"以管理员身份运行（A）"选项，如图5-9所示。

图 5-9 cmd 运行

32 位操作系统的 cmd 运行界面，如图 5-10 所示。

图 5-10 cmd 运行（32 位）

输入命令"regsvr32 usbkeyApi.ocx",注册成功后会出现如图5-11所示提示框。

图 5-11 cmd 运行成功

在64位操作系统中,输入命令"cd C:\Windows\SysWOW64\",回车后运行结果如图5-12所示。

图 5-12 cmd 运行(64 位)

再输入命令"regsvr32 usbkeyApi.ocx",注册成功后会出现如图5-13所示提示框。

图 5-13 cmd 运行成功

（二）IE浏览器设置

客户端首次访问系统时，需要配置客户端浏览器控件运行环境。

①打开Web浏览器"工具→Internet选项"菜单，切换到"安全"选项卡，选中"受信任的站点"图标，单击"站点"按钮，如图5-14所示。

图 5-14　站点设置

②在弹出的"可信站点"对话框中，在"将该网站添加到区域"文本框中填入当前网站地址（例如："http：//10.212.9.32/web"），单击"添加"按钮，如图5-15所示。

五、审批停电客户端环境配置

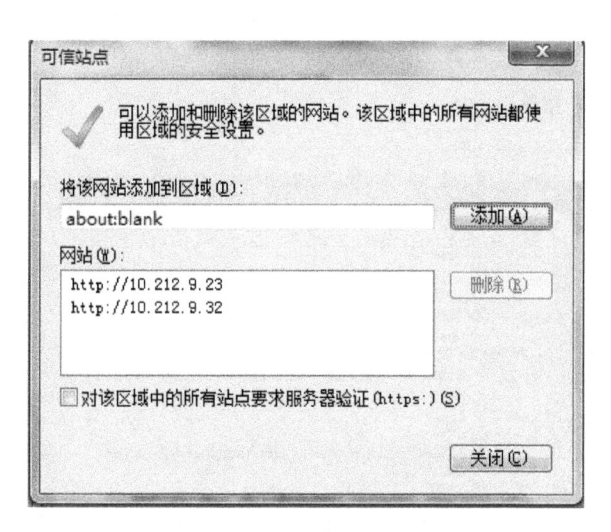

图 5-15　添加可信站点

③添加完成后，单击"关闭"按钮，在返回页面中单击"自定义级别"按钮，如图 5-16 所示。

图 5-16　自定义级别（1）

④在弹出的"安全设置—受信任的站点区域"对话框中，按图 5-17 和图 5-18 所示进行设置。

图 5-17　自定义级别（2）

图 5-18　自定义级别（3）

五、审批停电客户端环境配置

⑤再次打开该网站，若没有弹出"ActiveX控件被阻止了"的对话框，说明已经设置成功。如完成以上设置后还是无法正常运行，继续打开"Internet选项→安全→自定义级别"，将其中的所有ActiveX选项全部启用。

（三）测试OCX

测试OCX的步骤如下。

①单击测试文件"0获取usbkey序列号.html"（附件），操作及截图如下。

用IE浏览器打开测试程序"0获取usbkey序列号.html"，如图5-19所示。

图5-19 序列号获取（1）

②单击"允许阻止的内容"按钮，如图5-20所示。

图 5-20　序列号获取（2）

③单击"是"按钮，如图5-21所示。

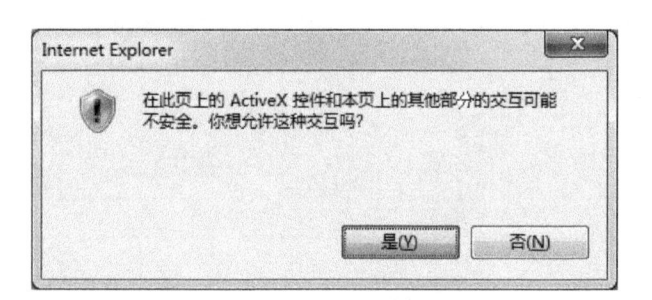

图 5-21　序列号获取（3）

④单击"Button"按钮，如图5-22所示。

图 5-22　序列号获取（4）

⑤显示读取到的序列号，如图5-23所示。

图 5-23　序列号获取（5）

（四）USB Key验证

系统校验USB Key中OperatorID和营销账号应一致，如果不一致则报"操作员认证错误"。若不知道USB Key中内置的OperatorID，可以单击"3专责签名.html" 进行查询。查询结果如图5-24所示。

⚠ {"ret":0, "OperatorID":"27103226",
"OperatorName":"zhangruimeng",
"cert":"MIImQYJKoZIhvcNAQcCoIIIijCCCIYCAQExADALBgkqhkiG9
w0BBwGggghsMIIC+TCCApygAwIBAgIQEElxgy3m5Mcfcu/cQodC
IzAMBggqgRzPVQGDdQUAMDkxDTALBgNVBAoMBEVQUkkxDT
ALBgNVBAsMBEVQUkkxGTAXBgNVBAMMEENBIEVQUkIfV09SS1
9TTTIwHhcNMTcwNTE2MTYwMDAwWhcNMjAwOTE2MTYwMDA
wWjCBjDENMAsGA1UECgwEU0dDQzEkMCIGA1UECwwb5Zu9572

图 5-24 验证签名

六、智能交费业务策略

六、智能交费业务策略

智能交费业务策略是营销业务应用系统中为实现智能交费业务应用功能而配置的业务处理方法、流程等业务模型。

（一）策略模型

智能交费业务策略包括预警策略、审批停电策略、自动复电策略、安全复电策略、预警取消策略。

1. 预警策略

触发条件："正常"状态的客户通过电量电费测算所得的可用余额首次小于预警阈值。

应用对象：客户状态为"正常"的智能交费客户。

应用结果：客户状态变成"预警"，同时发送预警短信。

工作建议：预警阈值的设定应与客户正常情况下的用电量相适应，建议客户将其设定为7天的用电金额，为客户留出充足的交费时间。当预警策略执行后，应提醒客户及时通过相应渠道进行交费。

2. 审批停电策略

触发条件：客户状态为"预警"，测算后可用余额小于0。

应用对象：客户状态为"预警"且可用余额小于0的智能交费客户。

应用效果：停电审批通过后营销系统向客户发送即将停电提醒短信，停电审批30分钟后向采集系统下发停电指令，停电指令在采集系统执行成功并向营销系统反馈结果后再向客户发送停电确认短信。

工作建议：对执行停电的客户进行交费提醒，引导客户通过电e宝、掌上电力等线上渠道足额交费。

3. 自动复电策略

触发条件：客户状态为"停电"，交费后测算客户的可用余额大于0。

应用对象：复电策略为"自动复电"，测算后可用余额大于0的智能交费客户。

应用效果："停电"状态的客户交费后可用余额大于0，系统自动发送复电指令，指令执行成功后向客户发送复电短信。

工作建议：应关注异常复核中的失败策略，并及时重新下发，远程复电无法成功时应及时采取应急措施进行现场掌机复电。

备注说明：自动复电不需要人为审批，系统会自动下发复电指令。

4. 安全复电策略

触发条件：客户状态为"停电"，交费后测算客户的可用余额大于0。

应用对象：复电策略为"安全复电"，测算后可用余额大于0的智能交费客户。

应用效果："停电"状态的客户可用余额大于0，低压客户由系统自动发送安全复电指令，指令执行成功后向客户发送复电短信。

工作建议：应关注异常复核中的失败策略，并及时重新下发，远程复电无法成功时应及时采取应急措施进行现场掌机复电。

备注说明：安全复电针对09规范的电能表，需要人工在电能表上按压复电按钮5秒以上才能复电，如果是现场表箱安装位置、表箱类型等原因不具备让客户自行按压复电按钮复电的条件，应由各单位复电保障人员到现场为客户按压按钮复电。

5. 预警取消策略

触发条件：客户状态为"预警"，测算后客户可用余额大于预警阈值。

应用对象：状态是"预警"的智能交费客户。

应用效果：系统内客户状态会变成"正常"，不会给客户发送取消预警短信，但会发送交费提醒短信。

（二）策略执行中的关键工作要求

智能交费业务策略执行中有几个关键工作要求。

①各供电营业单位应对营销业务应用系统内客户档案中的手机号码开展定期核查，对系统手机号码为空或不完整的客户应主动收集并录入系统。

②目前甘肃省所有客户停电策略均为"审批停电"。当客户预警或欠费时，工作人员应及时关注预警信息和停电信息的推送情况，确保客户及时收到信息，如发现信息推送出现大面积异常应及时向上级主管部门汇报并及时启动应急预案。

③客户预警金额是系统对客户进行预警提醒的重要阈值，应根据客户用电实际情况合理设置，原则上设置的预警金额应能保障客户7天的用电需求，给客户预留足够的交费时间。

④低压客户开通智能交费时，复电策略应选择"自动复电"，系统测算出客户可用余额大于0时自动发送复电指令。各单位应安排专人对复电指令执行情况进行监控跟踪，引导客户自助复电，当客户自助复电遇到困难提出协助需求时，应安排工作人员现场协助客户复电。当复电指令执行失败时，监控人员应启动应急预案，及时安排工作人员进行现场掌机复电，确保客户交费后及时送电。客户交费后复电时间原则上不超过24小时。

⑤各供电营业单位对智能交费客户应采用人工服务作为有效补充。当客户可用余额不足系统自动推送预警提醒信息后，针对交费不积极的客户应采取电话或上门的方式提醒客户交费，避免停电。针对余额不足已经停电的客户，应提醒客户采用"实时到账"方式交费，避免交费延时造成恢复供电延误。

七、智能交费短信通知服务

七、智能交费短信通知服务

为方便甘肃省电力客户及时掌握用电信息，促进智能交费业务应用，公司对相关短信发送机制、短信内容进行了优化，针对智能交费客户和非智能交费客户建立了两套独立的短信发送机制，结合客户预付费或后付费的情况，两套体系的短信发送机制和内容有较大区别。

（一）智能交费短信说明

为规范客户短信通知服务管理，现将智能交费客户有关短信说明如下。

①智能交费短信适用于所有费控（远程）客户，主要包括开通提醒、预警通知、审批停电、复电、交费提醒及催费短信六大类。

②智能交费短信不依赖于客户订阅，只要客户开通了远程费控，系统就会自动触发短信，由于涉及客户余额不足、停电通知等内容，客户不可进行退订。

③自2017年8月1日起，对智能交费客户均不再发送订阅类短信（包括电费、交费提醒、电费扣款等）。

④对智能交费客户仍可通过制订催费计划发送催费类短信，本次短信优化对智能交费客户的催费短信发送内容也进行了调整，与非智能交费客户的催费短信内容有所区别。

⑤结合各类交费渠道的拓展，目前智能交费客户通过任何交费渠道交费后均可收到相应的交费通知短信，短信中提示客户的交费金额及交费后的可用余额。

⑥为便于识别，所有智能交费短信均在短信末尾加后缀"【智能交费】"。

（二）低压智能交费短信触发机制及内容

1. 开通提醒

触发条件：在营销系统开通智能交费业务的工单归档后发送。

发送对象：已开通智能交费业务且营销系统账务联系人维护准确。

发送时间：每日8:00—20:00。

短信内容：【甘肃电力】尊敬的×××（×××），您已开通智能交费业务，设定预警金额为××元。每月电费账单查询及交费请使用电e宝或掌上电力App。【智能交费】

注："尊敬的×××（×××）"内容为户名和户号。例如，尊敬的张三（1234567890），下同。

2. 预警通知

（1）电费可用余额为正

触发条件：智能交费客户测算可用余额首次小于预警阈值且可用余额为正。

发送对象：已开通智能交费业务且营销系统账务联系人维护准确。

发送时间：每日8:00—20:00。

短信内容：【甘肃电力】尊敬的×××（×××），截至××月××日××时您的电费可用余额为××.××元，已低于设定的预警金额。为保证您的正常用电，请尽快充值。交费及每月电费账单查询请使用电e宝或掌上电力App。【智能交费】

（2）电费可用余额为负

触发条件：智能交费客户测算可用余额首次小于预警阈值且可用余额为负。

七、智能交费短信通知服务

发送对象：已开通智能交费业务且营销系统账务联系人维护准确。

发送时间：每日8:00—20:00。

短信内容：【甘肃电力】尊敬的×××（×××），截至××月××日××时您的电费可用余额为××.××元（已欠费）。为保证您的正常用电，请尽快交存足额电费。交费及每月电费账单查询请使用电e宝或掌上电力App。【智能交费】

3. 审批停电

（1）工作人员完成审批

触发条件：工作人员完成停电审批后发送。

发送对象：已开通智能交费业务且营销系统账务联系人维护准确。

发送时间：随时。

短信内容：尊敬的×××（×××），截至××月××日××时您已欠费××.××元，即将自动停电，请尽快交存足额电费。【智能交费】

（2）停电完成后

触发条件：审批半个小时后，营销系统再次判断客户可用余额是否小于0，如仍小于0则向采集系统发送停电指令。采集系统对电能表下发停电指令执行成功并向营销系统返回结果后发送短信。

发送对象：已开通智能交费业务且营销系统账务联系人维护准确。

发送时间：随时。

短信内容：【甘肃电力】尊敬的×××（×××），××月××日因欠费已停止供电，为保证您的正常用电，请尽快充值。【智能交费】

4. 复电

（1）13规范的电能表

触发条件：客户电能表"是否支持远程复电"属性为"支持允许

合闸和直接合闸"且系统复电策略执行成功后发送。

发送对象：已开通智能交费业务且营销系统账务联系人维护准确。

发送时间：随时。

短信内容：【甘肃电力】尊敬的×××（×××），已为您恢复供电，请确认复电是否成功。【智能交费】

（2）09规范的电能表

触发条件：客户电能表"是否支持远程复电"属性为"支持允许合闸"且系统复电策略执行成功后发送。

发送对象：已开通智能交费业务且营销系统账务联系人维护准确。

发送时间：随时。

短信内容：【甘肃电力】尊敬的×××（×××），已为您恢复供电，请在确认安全的情况下，长按电能表上的复电按钮，至跳闸指示灯灭即复电成功。【智能交费】

5. 交费提醒

（1）交费后可用余额高于预警金额

触发条件：智能交费客户交费后且可用余额高于预警金额。

发送对象：已开通智能交费业务且营销系统账务联系人维护准确。

发送时间：随时。

短信内容：【甘肃电力】尊敬的×××（×××），您本次交费××元，截至××月××日××时电费可用余额为××元。每月电费账单查询请使用电e宝或掌上电力App。【智能交费】

（2）交费后可用余额低于预警金额

触发条件：智能交费客户交费后可用余额仍低于预警金额。

发送对象：已开通智能交费业务且营销系统账务联系人维护准确。

发送时间：随时。

短信内容：【甘肃电力】尊敬的×××（×××），您本次交费××元，截至××月××日××时电费可用余额为××元，仍低于您设定的预警金额，为保证您的正常用电，请及时交存足额电费。交费及每月电费账单查询请使用电e宝或掌上电力App。【智能交费】

6. 催费

触发条件：智能交费客户电费应收金额大于0，即客户发行电费存在欠费，工作人员制订催费计划，使用短信催费功能发送。

发送对象：已开通智能交费业务且营销系统账务联系人维护准确。

发送时间：每日8:00—20:00。

短信内容：【甘肃电力】【交费提醒】尊敬的×××（×××），截至目前您的电费可用余额为××.××元（已欠费）。为保证您的正常用电，请尽快交存足额电费。【智能交费】

（三）高压智能交费短信触发机制及内容

高压智能交费短信触发机制及内容，如表7-1所示。

表7-1　高压智能交费短信触发机制及内容

序号	短信类型	变更后短信内容	短信触发条件
1	电费账单	尊敬的[cons_name]([cons_no])，您××年××月电量××度，电费××元，预收为××元，请及时足额交费。交费及用电查询请使用网上国网App【订阅】	每月电费发行后自动触发，月度电费发行后仅发一次

续表

序号	短信类型	变更后短信内容	短信触发条件
2	预警通知	尊敬的[cons_name]([cons_no])，截至{prepare_time,5,2}月{prepare_time,7,2}日{prepare_time,9,2}时您的电费可用余额为{act_amt}元，不足使用××天。为保证您的正常用电，请尽快充值。交费及电费账单查询请使用网上国网App【智能交费】	（电费可用天数为正）当天测算的可用天数低于预警阈值但大于0，触发预警策略，同时生成短信。可用余额低于预警阈值后每天发送
		尊敬的[cons_name]([cons_no])，截至××月××日××时您的电费可用余额为××元（已欠费）。为保证您的正常用电，请尽快交存足额电费。交费及电费账单查询请使用网上国网App【智能交费】	（电费可用天数为负）当天测算的可用天数低于预警阈值且小于0，触发预警策略，同时生成短信。可用余额低于0后每天发送
3	用户交费	尊敬的[cons_name]([cons_no])，您本次交费××元，截至××月××日××时电费可用余额为××元，预计可用××天。交费及电费账单查询请使用网上国网App【智能交费】	交纳电费后可用余额大于等于预警阈值时向用户发送
		尊敬的[cons_name]([cons_no])，您本次交费××元，截至××月××日××时电费可用余额为××元，仅可用××天。交费及电费账单查询请使用网上国网App【智能交费】	交纳电费后可用余额小于预警阈值时向用户发送

七、智能交费短信通知服务

续表

序号	短信类型	变更后短信内容	短信触发条件
4	停电通知	尊敬的[cons_name]([cons_no]),截至××月××日××时您已欠费××元(绝对值),因欠费30分钟后将中断供电,请尽快采取相关安全措施,避免用电设备损毁,否则由此造成的损失自行承担【智能交费】	停电通知环节前台触发
5	审批停电	尊敬的[cons_name]([cons_no]),××月××日因欠费即将停止供电【智能交费】	停电验签后发送
5	审批停电	尊敬的[cons_name]([cons_no]),××月××日因欠费已停止供电,为保证您的正常用电,请尽快足额购电【智能交费】	采集系统向营销系统反馈指令执行成功结果后发送
6	复电通知/安全复电	尊敬的[cons_name]([cons_no]),您已足额交费满足复电条件,稍后客户经理×××(139×××)将现场为您复电,请耐心等待【智能交费】	基准比较后触发
6	复电通知/安全复电	尊敬的[cons_name]([cons_no]),已于××月××日××时为您恢复供电,请确认【智能交费】	复电指令下发并返回执行成功结果后触发
7	复电提醒	【复电提醒】×××,您的高压客户×××([cons_no],××镇××村××号,139×××)已于××月××日××时××分足额交费,请完成系统复电流程并赴现场复电【智能交费】	基准比较后触发
7	复电提醒	【复电成功】×××,高压客户[cons_name]([cons_no])已于××月××日××时恢复供电,请确认【智能交费】	复电指令下发并返回执行成功结果后触发

八、智能交费智能电能表

八、智能交费智能电能表

智能交费依赖营销业务应用系统、用电信息采集系统、一体化缴费平台、营销短信服务平台等多个相关信息系统高效协同运转，其中停复电业务执行主要涉及营销业务系统、用电信息采集系统两个关键信息系统以及智能费控电能表、计量现场手持设备（掌机）的推广使用。安装具有远程自动控制功能的智能费控电能表是智能交费应用的必备条件。智能费控电能表通过内置通信模块、ESAM安全芯片、负荷开关实现远程安全停复电控制，其主要功能包括报警、远程停电、远程直接合闸（复电）、远程允许合闸及保电等。

（一）智能费控电能表简介

智能费控电能表根据国网公司企业标准主要分为09规范智能费控电能表和13规范智能费控电能表，可通过型式外观上存在的明显差异进行区分识别，如09规范智能费控电能表有单独的红色报警指示灯，而13规范智能费控电能表直接使用LCD显示屏背光作为报警提示。

09规范智能费控电能表、13规范智能费控电能表两者主要在控制功能、事件定义、数据掉电补存、报警方式等功能方面存在区别。例如：在控制功能方面，13规范智能费控电能表增加了远程直接合闸、保电等重要功能；在通信安全方面，13规范智能费控电能表增加了红外通信、双方安全芯片、强制身份认证等重要措施。

（二）计量现场手持设备（掌机）简介

公司现有计量现场手持设备（掌机）主要由科曼Ⅱ代、科曼Ⅲ代（安卓系统）以及振中3种掌机组成。这3种掌机均配置了ESAM安全芯片，可以与智能费控电能表进行红外通信，同时均具备智能费控能表停复电操作能力。

（三）远程停复电业务流程

客户签约智能交费服务后，智能费控电能表每日0点冻结示数会通过用电信息采集系统远程采集、存储并发送至费控系统进行测算，当测算后可用余额低于停电阈值（系统默认为0）时，向客户发送停电通知短信，并经由用电信息采集系统发送远程停电指令控制客户智能费控电能表内置开关跳闸，终止客户用电。

当客户通过各种渠道进行交费，经过费控系统测算，可用余额高于设定的停电阈值时，营销业务应用系统会向用电信息采集系统发送复电指令，用电信息采集系统再将复电指令经集中器发送到智能费控电能表上。09规范智能费控电能表的复电方式为安全复电，因此收到的复电指令为安全复电指令，当智能费控电能表处于允许合闸状态时，客户可通过长按复电按钮5秒以上手动自行合闸复电。13规范智能费控电能表的复电方式为自动复电，因此收到的复电指令为自动复电指令，智能费控电能表收到自动复电指令时会自行执行合闸动作，无须客户手动操作。

（四）现场复电业务操作

当采集执行复电指令失败后，营销系统会生成异常复核工单，需要进入异常复核工单中对复电指令进行重新下发。若重新下发之后仍执行失败，则需要在异常复核工单中单击"异常终止"转至采集运维闭环管理平台，在采集运维闭环中生成现场复电工单，手动或自动派发至掌机，由复电保障人员携带掌机进行智能费控电能表现场复电。

复电时采用红外通信方式发送复电指令。09规范智能费控电能表收到安全复电指令后，需操作复电按钮进行合闸复电；13规范智能费控电能表收到自动复电指令，即可自行执行合闸动作，无须手动操作。

（五）智能费控电能表故障处置

智能费控电能表出现故障或报警项时，LCD会立即停留在该故障错误代码（Err-××）上或报警提示，且背光灯持续点亮；当运维人员现场复电操作遇到电能表处于故障报警或显示错误代码（Err-××）时，应正确判断电能表状况。对影响智能费控电能表正常运行但能够现场消除的故障，应及时处置；对无法处置的故障，应注意故障现象的收集，并上报省计量中心开展故障原因分析、处置措施制定及故障隐患防范工作。

（六）智能费控电能表常用知识

1. 停复电三类状态

智能费控电能表停复电的三类状态如下。

①远程停电状态。屏幕右下方显示"拉闸"字样或表计指示灯黄灯长亮，表示当前处于控制停电状态。

②允许合闸状态。屏幕右下方显示"拉闸"字样或表计指示灯"跳闸"黄灯闪烁（亮1秒、灭1秒），表示当前处于允许合闸状态。

③合闸状态（正常状态）。09规范智能费控电能表屏幕右下方"拉闸"字样消失或表计指示灯"跳闸"黄灯闪烁（亮1秒、灭1秒），按复电按钮5秒以上，待指示灯"跳闸"黄灯熄灭，表示当前处于合闸

状态；13规范智能费控电能表屏幕右下方"拉闸"字样消失或表计指示灯"跳闸"黄灯熄灭，表示当前处于合闸状态。

2. 其他常见状态

智能费控电能表停复电其他常见状态。

①载波通信状态。屏幕左下方显示"∧∧"字样，表示载波通信状态。

②红外通信状态。屏幕左下方显示"📞12"字样，表示红外通信状态，如果同时显示"1"表示第1路485通信，显示"2"表示第2路485通信。

③载波通信指示灯状态。表计指示灯"○ ○ RXD TXD"表示载波通信模块状态指示。TXD灯红灯闪烁时，表示模块向电网发送数据；RXD灯绿灯闪烁时，表示模块从电网接收数据。

④电池异常状态。屏幕右中位置显示"🔋"图标表示时钟电池电压低。

⑤密钥异常状态。屏幕中下位置显示"🔒"（09规范）或"🏠"（13规范）图标表示公钥状态。

⑥报警状态。LCD屏幕右下方显示"⚠"图标或表计指示灯"报警"红灯长亮表示电能表报警状态。

⑦功率反向状态。屏幕左下方显示"←"图标表示表计接线反向或有功电能反向。

3. 常见错误代码

智能费控电能表常见的错误代码如下。

①"Err-01"：表示控制回路错误。

②"Err-02"：表示ESAM错误。

③ "Err-04"：表示时钟电池电压低。

④ "Err-08"：表示时钟故障。

⑤ "Err-10"：表示认证错误。

⑥ "Err-51"：表示过载（超最大电流 I_{max} 的1.2倍）。

⑦ "Err-52"：表示电流严重不平衡（仅针对三相表）。

⑧ "Err-53"：表示过压（超额度电压 U_n 的1.15倍）。

⑨ "Err-54"：表示功率因数越限。

⑩ "Err-56"：表示有功电能反向。

备注：发生错误代码序号10以内的故障时，除部分密钥、时钟问题可以采取现场掌机处理外，其余故障均须采取故障换表处理。其他详细错误代码的原因分析及对应解决方法见附件五"智能电能表故障代码"。

九、智能交费充值交费服务渠道

九、智能交费充值交费服务渠道

为了更好地服务智能交费客户，方便客户及时充值交费，国网甘肃省电力公司为客户提供了多种渠道的充值服务。

（一）对公客户交费方式

依据《国网甘肃省电力公司关于电费"一省一行一户"模式下电费账户变更的函》，电费"省级直收"后，柜台将取消支票、进账单收费方式，新模式下党政机关、企事业单位等对公客户电费可通过银行电子托收、电费网银和电费专属管家卡3种方式交纳。

1. 电子托收业务概述

电子托收是国网甘肃省电力公司与省内中国工商银行、中国农业银行、中国银行、中国建设银行、邮政储蓄银行、甘肃省农村信用社、兰州银行等银行合作开发的"互联网+"新型电费交费方式，用电客户在与相关银行签订托收协议后即可开通，开通后电费由相关银行每月按协议约定从签约账户上扣除，并实时交存归集至国网甘肃省电力公司指定电费账户，保证用电客户交纳电费资金的安全及可靠供电，扣款方为国网甘肃省电力公司。

电子托收有利有弊，其有利的方面是，减少人工收费、解款、进账操作。弊端是欠费高风险客户以及预购电客户不宜推广。

2. 电子托收业务流程

用电客户在和银行签订电子托收协议后，对于非关联户和非集团户用户，在电费发行次日做出盘；关联户和集团户托收用户，在所有子户电费全部发行的次日做出盘。每日9点出盘一次，按地市、托收银行生成出盘文件上传FTP并通知银行进行处理，银行收到托收通知后于当日扣款并生成回盘文件,银行将回盘文件上传FTP后通知营销销账,营销完成收费后自动解款。托收业务按地市公司一家开户银行一天生成一个解款编号。

3. 关联户(集团户)电子托收注意事项

关联户(集团户)电子托收注意事项如下。

①关联户、集团户主户及子户全部发行后才会出盘(剔除本月新装用户)。

②主户电费为0或已结清时子户存在欠费的情况会正常出盘。

③电费发行后签约的托收,签约次日会正常出盘。

④主户及子户已托收成功,欠费结清,后新增的子户存在欠费,子户维护成功次日会正常出盘。

⑤关联户主户、集团户主户必须已经签约托收。托收解约、重新签约请在电费结清后、下月电费发行前进行。

4. 电费"专属管家卡"业务概述

电费专属管家卡是国网甘肃省电力公司与省内中国工商银行、中国农业银行、中国银行、中国建设银行、邮政储蓄银行、甘肃省农村信用社、兰州银行等合作开发的电费收交产品,为用电客户配置的"电费专属管家卡号"是与客户的"用电客户编号"绑定的唯一转账标识,保证用电客户交纳电费资金的安全及可靠供电。用电客户可采取同行或他行转账方式将电费资金缴存至其电费专属管家卡完成电费交纳。收款方为国网甘肃省电力公司。

5. 办理"企业电费网银"收费业务

办理"企业电费网银"收费业务需要客户登录"国网商城"完成

账户注册。国网汇通金财（北京）信息科技有限公司是国网公司下属企业，国网电商公司的全资子公司，其作为国网甘肃省电力公司电费代收机构，并与用电客户签订三方协议，以"用电客户编号"作为唯一标识进行绑定，用电客户通过登录国网商城"电费网银专区"，输入用电客户编号自主完成电费交纳，电费收款方为国网汇通金财（北京）信息科技有限公司，由其负责将客户通过"电费网银"方式交纳的电费资金交存归集至国网甘肃省电力公司指定电费账户，保证用电客户交纳电费资金的安全及可靠供电。

（二）网上国网App

网上国网App是国家电网有限公司官方统一线上服务入口，集住宅、电动车、店铺、企事业、新能源五大使用场景于一体，提供高低压居民新装、企业新装，以及充电桩报装、线上办电、信息查询、电费交纳、用能分析、能效诊断、找桩充电、光伏新装、故障报修、能效服务、在线客服、发票下载等服务。

（三）微信支付

微信支付是集成在微信客户端的支付功能，客户可以通过手机快速完成支付流程。客户只需在微信中关联一张银行卡，并完成身份认证，即可将装有微信的智能手机变成一个全能钱包。打开微信在"我"菜单中单击"钱包"，单击"生活缴费"。

（四）支付宝交费

支付宝是阿里巴巴公司创建的第三方支付平台，可为客户提供交费、可用余额查询、欠费金额查询等服务功能。客户下载安装支付宝手机客户端，单击"生活交费"，进入选择"电费"，正确填写客户编号，根据提示完成交费充值即可。

（五）95598智能互动网站

95598智能互动网站（www.95598.cn）是国家电网公司推出的一站式电力服务网站，可为客户提供电费交费充值、用电查询、信息订阅等服务功能。95598智能互动网站提供两种交费方式：一种是在网站首页单击进入"快速交费"页面，正确填写客户编号，根据提示完成交费充值；另一种是注册并登录"网上营业厅"，在"服务开通"中绑定客户编号，单击"电费交纳"交费充值。

（六）手机银行

手机银行是各银行推出的为客户提供金融服务的手机客户端。与国网公司合作的银行在其手机客户端上提供电费交费充值服务。客户前往持卡银行开通手机银行服务并下载手机客户端，登录手机银行，在"生活交费"中选择"电费"，正确输入客户编号，根据提示即可进行交费充值。

（七）自助交费终端

自助交费终端是供电公司为方便客户就近交电费，避免柜台排队推出的交费服务。提供客户编号用现金即可进行交费充值。

十、智能交费业务知识问答

（一）客户宣传篇

1. 智能交费是什么？

智能交费通过"互联网+"让客户能够使用计算机、手机、PDA等智能终端设备实现与智能电能表之间的互动，让客户随时了解电量电费信息，帮助客户做到科学用电、合理用电、节约用电，是客户线上交费和24小时在线响应的供电服务新模式，满足了客户便捷、灵活、互动的服务需求。

2. 智能交费的主要功能是什么？

智能交费的主要功能是网上交费、实时查询、交流互动、自助管理。

3. 智能交费能带来哪些超值的服务体验？

①便捷交费。提供电e宝、掌上电力App、微信钱包、支付宝、翼支付、甘肃电力营销微信公众号、95598互动服务网站、手机银行等多样化的互联网交费渠道，让客户足不出户就能轻松交纳电费。

②查询方便。可查询每日用电量及电费，方便客户计划用电；三年内的结算月用电量，方便客户进行对比，进而科学用电。

③自助管理。可以利用掌上电力、电e宝App等应用软件进行自助办电服务，如电子账单查询、用电报装、智能交费业务签约、停电公告及交费查询等业务功能。

4. 什么样的客户能够享受智能交费服务呢？

已签订智能交费协议的客户可以享受智能交费服务。

5. 如何把智能交费服务领回家？

通过供电营业厅、电话预约申请（详情询问属地客户经理）、掌上电力 App 和电 e 宝 App 完成智能交费业务协议签订申请（签约时请留下您的联系方式）。

6. 我怎么知道我交的钱用完了？

当您交纳电费可用电费余额低于您设定的预警阈值时，系统将发送"预警提醒短信"，提醒您电费可用余额已不足，请及时交费。如电费可用余额小于0，系统将自动停止为您供电。

7. 如何合理设置预警阈值？

预警阈值应合理设置。设置得太大，无法发挥预警作用；设置得太小，在您收到预警短信后没有充足的交费时间可能会造成停电的不便。建议您参考月平均电费及季节性用电情况，按照日均电量7天电费额设置预警阈值，为您预留足够交费时间。

8. 可以通过哪些方式查询实时余额？

方式一：下载并绑定"掌上电力（官方版）"App，单击"用电"→"电费余额"，查询当前户号的测算余额。

方式二：下载并绑定"电 e 宝（官方版）"App，在交费界面输入户号，查看可用余额。

方式三：可前往就近的供电营业厅柜台查询。

9. 如何根据指示灯判断电能表的状态？

①正常状态：背光屏灭，脉冲灯闪烁，跳闸灯灭，报警灯灭。

②停电状态：背光屏灭，脉冲灯灭，跳闸灯亮，报警灯亮。

10. 联系方式发生变化如何办理变更手续？

当您的联系方式发生变化时，可以通过以下方式办理变更手续。

①您可以到附近的供电营业厅，以书面形式提供您的客户编号、变更后的联系方式，工作人员即可为您办理变更手续。

②您可以与辖区的客户经理联系，告知他们您家的客户编号和变更后的联系方式，工作人员即可为您办理变更手续。

11. 远程智能电能表电费的测算方式是怎样的？

通过用电信息采集系统每天读取电能表示数，与上次抄表日的示数进行对比，计算出实时电费，然后将实时电费与您账户中的预存电费进行比较，计算出可用余额，并将可用余额与之前设定的预警阈值和停电阈值进行比较，从而对电表自动下发预警及停复电指令。

12. 智能交费的停电条件是什么？

当客户可用余额小于0时，系统将自动停电。

13. 智能交费的送电条件是什么？

当停电后，您通过交纳电费，使得电费可用余额大于0时，系统会自动实施复电操作。

14. 手机为什么收不到电费发行短信？

由于远程智能交费实行实时算费，因此暂不发送任何订阅类的短信，包括电费发行短信。

15. 开通远程智能交费后，对原来的抄表方式、交费方式是否有影响？

开通智能交费后，原抄表方式不变，交费渠道会多样化，不会给您造成任何影响。

16. 在电费月度结算后，如何领取发票？

在结清电费月度账单后，可前往供电营业厅索取正式发票。今后随着电子发票业务的开通，客户可通过电e宝下载查询发票信息。

17. 如何订阅或取消智能交费短信？

智能交费短信不需订阅。当您成为智能交费客户时，系统自动发送此类短信，您只需提供正确的联系方式即可。

智能交费短信不能取消。为了保障您正常用电，方便您及时知晓余额不足或欠费情况，通过短信形式告知您及时交费是最为便利的方式。

18. 智能交费短信发送号码及标识是什么？

智能交费短信发送号码均为95598。为便于识别，所有智能交费类短信均在短信末尾加后缀"【智能交费】"。

19. 智能交费短信提醒业务是否收费？

智能交费短信不收取任何费用。

20. 欠费停电交费后多长时间可以恢复供电？

欠费停电交费后，一般情况下1~2小时可以自动复电成功，复电环节如因系统原因发生延时，超过3小时仍未复电成功，可以联系属地台区经理进行现场复电。将为您在24小时内恢复供电。

21. 智能交费复电方式为什么不同？

因为现场安装的远程智能电能表有两种类型，所以复电方式也不同。复电方式与表计密切相关，不能自由选择。

自动复电方式，即客户无须进行任何操作，只要足额交费后电能表就能自动恢复供电的复电方式。

安全复电方式，即当客户收到复电短信后，按照短信告知内容"长按电能表上的复电按钮至少5秒"就能恢复供电的复电方式。

22. 查询账户中仍有余额，为什么会停电？

此余额为您账户预收余额，用于每月电费结算，目前智能交费客户是实时测算电费可用余额。电费可用余额不足（欠费）自动触发停电。

23. 申请办理智能交费业务时为什么要预存电费？

为防止办理智能交费业务后因没有电费可用余额触发停电的情况出现，建议您根据实际用电情况预存相应额度的电费。

（二）员工宣传篇

1. 为什么要推广智能交费？

智能交费业务可以实现自动远程催费、停电、复电；全面减少催费工作量，降低电费回收风险；实现了从后付费到预付费的用电模式转变，是营销模式的变革；技术上实现了网络通道、营销系统、采集主站、短信平台的无缝对接以及全面高效应用。

2. 如何向客户宣传智能交费？

智能交费能给客户带来高效便捷的电子化服务体验；可查询每日用电量及电费，帮助客户做到科学用电、合理用电、节约用电；多种交费渠道让客户足不出户就能轻松交纳电费。

可以利用掌上电力、电e宝App等应用软件进行自助办电服务，如电子账单查询、用电报装、智能交费业务签约、停电公告及交费查询等业务功能，实现24小时在线响应的供电服务模式。

3. 客户咨询如何取消智能交费业务？

智能交费业务全面推广以后，由于原用电模式已不存在，为了保障客户能够正常用电，智能交费业务办理后不能取消。

4. 台区开展智能交费的前提条件是什么？

①台区客户要开展智能交费业务，首先要实现集抄全覆盖，智能表具有远程费控功能，低压客户日均采集成功率为98%及以上。

②开通智能交费业务的客户在营销系统中的账务联系人信息准确且不能为空。

③计量库房中备有足够数量的备表，确保在现场各种停复电手段都失败的情况下可以及时安排换表。

④综合考虑客户数量、供电半径、计量采集及交通等情况，配备一定数量的掌机，作为现场停复电的有效补充手段。

5. 智能交费开展过程中现场需要张贴哪些必要标识？

为了便于开展日常维护，方便客户自主管理，现场需要张贴复电按钮提示标识、安全警示标识、台区经理服务电话等标识。

6. 智能交费推广前需要对台区低压客户的哪些方面进行整改？

①对台区低压客户的系统档案信息进行核查和完善。

②对台区表箱进行普查，表箱的安装位置、表箱类型是否具备按压复电按钮的条件；查看表箱的复电按钮是否有复电孔，若无则需要打孔或是更换。

③对客户的表计接线进行检查，防止串户和接线错误。

7. 现场影响智能费控电能表的缺陷有哪些？如何处理？

①表计未处于私钥状态：09规范表计采取掌机现场下装密钥方式进行处理，13规范表计采取更换电能表方式进行处理。

②表计电池欠压：更换电能表。

③表计时钟偏差：如果是电池原因导致的表计时钟偏差，则更换电能表；如果电池功能正常则主站对时。

④电能表继电器断开后不能闭合：属于电能表质量缺陷，更换电能表。

8. 什么是费控策略？

费控策略就是从客户每日的电量电费测算到现场电能表的控制，都是通过"策略"来实现的。目前费控系统里有三大类策略，即基准策略、控制策略和电价策略。

9. 什么是基准策略？

基准策略是设置"什么情况下预警，什么情况下停电"的标准，包括预警阈值和停电阈值。低压客户参数值的单位是金额，高压客户参数值的单位是天数。

10. 预警阈值和停电阈值是如何设置的？

预警阈值要设置合理，一般遵循客户收到预警信息之后还能正常用电 7 天的原则。停电阈值即允许客户欠费的金额，由系统自动预设。公司对低压客户执行的停电阈值一律为 0，即不允许用电客户出现欠费，高压客户的停电阈值是 1 天。

11. 什么是可用余额？

可用余额是从上一个抄表结算日之后至当日通过公式计算出来的实时值，每天都会更新，有"截止时间"的概念。只用于触发各种费控策略、指令，但不用于每月电费结算。只有智能交费客户有"可用余额"的概念。

完整公式：可用余额＝预收余额－冻结－锁定－欠费－测算电费

简化公式：可用余额＝预收余额－测算电费

12. 哪些渠道可以查到可用余额？

可以通过电 e 宝 App、掌上电力 App、微信、支付宝、翼支付、"甘肃电力营销"微信公众号、95598 互动服务网站、甘肃爱城市 App、光大银行手机银行 App、供电营业厅以及拨打 95598 电话来查询可用余额。

13. 电费可以通过哪些线上渠道交纳？

可以通过电 e 宝 App、掌上电力 App、95598 网站、"甘肃电力营销"微信公众平台、网上银行、手机银行、支付宝、微信钱包和翼支付交纳。

14. 什么是控制策略？

控制策略主要包含预警、取消预警、停电、复电。控制策略用来生成各类控制指令，如预警指令、取消预警指令、审批停电指令、自动复电指令和安全复电指令。

15. 触发停电的条件是什么？

当可用余额低于系统设定的停电阈值（小于0）时，停电指令生成。

16. 停电的方式有哪些？

目前公司执行的停电方式只有一种，即"审批停电"。

17. 触发复电的条件是什么？

当客户状态为"停电"，客户通过交纳电费，使得可用余额大于0时，系统会自动触发复电指令。

18. 复电的主要方式有哪些？

①自动复电：是指当客户交完费且可用余额大于0时，系统自动触发复电指令并下发到表上执行，执行完不需要再有任何人工操作就能恢复供电的复电方式，主要用于13规范智能表。

②安全复电：也叫确认复电，当客户交完费且可用余额大于0时，系统自动触发复电指令并下发到表上执行，但执行完后需要人工在智能表上长按复电按钮5秒以上才能恢复供电的复电方式，主要用于09规范的智能表。

19. 其他的复电方式有哪些？

①掌机复电：系统自动复电失败后，会自动将复电任务下发到掌

143

机上，由工作人员持掌机到现场进行复电操作。这种方式是远程停复电的重要保障措施。

②应急复电：由于智能交费相关系统运行异常、系统检修等无法发起复电指令，或因客户家中有患病老人、有冷藏药品等特殊情况，需要紧急为客户恢复供电的复电方式。

20. 目前不能开通智能交费业务的客户有哪些？

金融机构代扣客户、交费关联客户、台区下计费侧和关口侧电能表共用的客户、农业排灌客户等目前不能开通智能交费业务。

21. 目前不支持开通智能交费业务的电能表类别及类型有哪些？

目前有功表、无功表、多功能表、复费率表等均不支持开通智能交费业务。

22. 客户手机为什么收不到电费发行短信？

由于智能交费客户实行实时算费，因此暂不发送任何订阅类的短信，包括电费发行短信。

23. 为什么部分客户在智能交费业务推广后无法收到催费短信？

确认客户的手机号码是否为外省移动手机号，目前外省移动手机号暂不能收到该类短信。

24. 客户咨询开通智能用电后，结算电费发票如何领取？

可前往供电营业厅索取正式发票。今后随着电子发票业务的开通，可通过电e宝线上渠道，下载查询发票信息。

25. 客户反映在使用电e宝、掌上电力App时，发现自己的客户编号已被他人绑定，致使自己无法绑定该怎么办？

您可拨打电话4007095598，工作人员在核实清楚您的身份信息后会为您解除绑定。

26. 客户咨询停电以后已经交费为什么还没有来电？

客户交费后没有复电有以下几个原因。

①09版规范的电能表须于系统复电指令下发后在电能表上按压复电按钮5秒以上。

②客户交费金额不足。查询可用余额是否为正，如果不为正则表示交费金额不足。

③客户刚交完电费，时间很短，系统还没生成复电指令。通过客户交费时间和费控策略执行情况进行分析，如果无复电策略，且交费时间很短，可告知客户耐心等待，一般需要30分钟左右。如果仍未恢复供电，对于已生成复电策略和触发复电指令的刷新掌机任务，及时下载任务，进行掌机现场复电处理。

27. 国网客服中心95598有关智能交费派发的投诉工单有哪些？

①对客户反映未与其签订智能交费推广补充协议且在系统中查询为智能交费客户，或单方面变更预警和停电阈值的，派发投诉工单。

②客户致电反映交清电费后24小时未恢复供电的问题，严格按照国网十项承诺要求判定，不以复电登记作为恢复供电的起始时间，派发投诉工单。

③对于智能交费业务办理和运营服务过程中发生的人员服务规范和态度问题，按照抄催人员规范、态度类派发投诉工单。

28. 国网客服中心95598有关智能交费派发的意见工单有哪些？

①对已签订智能交费推广补充协议的客户，如果对该业务的政策、规则和调试验证等有异议的，派发意见工单。

②对已签订智能交费推广协议的客户，由于信息不准确或不及时更新导致客户收不到预警信息的，派发意见工单，客户反映短信错发、重复反映未正常接收不在此范畴。

③对于远程费控下发复电指令后需手动复电的：一是客户进行复电操作未成功；二是客户未进行复电操作，客服专员在线指导客户复电，操作不成功，交费时间超过24小时的，派发意见工单并标注具体复电需求，操作成功则咨询办结。

29. 国网客服中心95598有关智能交费派发的服务申请工单有哪些？

①对已签订智能交费推广补充协议的客户，客户提出变更智能交费方式的，派发服务申请工单。

②对于远程费控下发复电指令后需手动复电的，客户进行复电操作未成功，交费时间未超24小时，派发服务申请工单。

十一、智能交费业务培训分级表

十一、智能交费业务培训分级表

智能交费业务培训分级表

一级分类	二级分类	应知：智能交费的概念、背景、意义以及推广情况	应知：智能交费服务渠道、掌上电力、电e宝平台功能应用	应知：智能交费测算方法、基准比对、策略控制执行以及所需要具备的软、硬件条件	应知：智能交费协议的内容和签订的要求	应知：基本流程、策略制定、参数设置、策略短信应用	应会：开通智能交费的操作、停电、预警阀值的设定	应会：远程停复电和人工停送电操作的步骤及方法	应会：常态运维、问题分析和故障处理	应会：95598客服工单分类及智能交费业务知识问答
市公司	公司主管领导	√	√							√
	营销部主任	√	√	√	√	√	√	√	√	√
	营销专责	√	√	√	√	√	√	√	√	√
	其他部室专责	√	√		√	√	√			√
	95598管控班	√	√	√	√	√	√			√
	市调控中心故障接派单人员	√	√	√				√		√
县公司	经理、部门主任	√	√		√	√	√	√	√	√
	营销专责	√	√	√	√	√	√	√	√	√
	班组长	√	√	√	√	√	√	√	√	√
营业班组	抄表催费人员	√	√	√	√	√	√	√	√	√
	营业柜台人员	√			√		√	√	√	√
	用电检查、采集运维人员	√	√	√				√		√
	急修保障人员	√						√	√	√

附件与参考文件

附件一　智能交费远程停复电业务系统权限开通申请表

国网××供电公司远程停复电系统权限开通申请表

填报单位：　　　　　　　　　　　　　　　　　　　　　　　　　　　　　　　申请时间：

序号	单位名称	所属县（区）单位	姓名	职务/岗位	营销系统工号	申请权限	采集系统工号	申请权限	闭环平台工号	申请权限
1	××供电公司	××县（区）供电公司	×××	所长	2703××	①审批停电（市）②应急复电申请审批、执行	2703××	费控管理	2703××	①现场停复电 ②手动创建复电工单 ③手动派工 ④设置台区责任人
2	××供电公司	××县（区）供电公司	×××	台区经理	2703××	应急复电申请、归档	2703××	费控管理	2703××	①现场停复电 ②手动创建复电工单

审批：×××　　　审核：×××　　　制表：×××

附件二　国网甘肃省电力公司常用智能交费终端技术规范（试行）

一、设备选型

1.专变终端

选取国网标准Ⅲ型专变采集终端，如图1和表1所示。

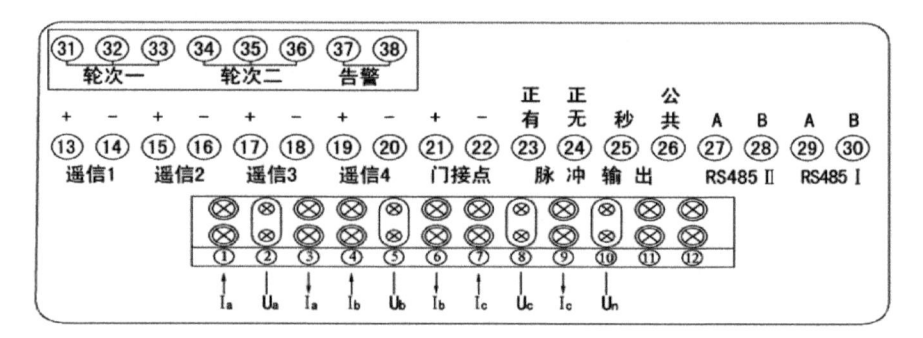

图1　Ⅲ型专变采集终端端子接线图

表1　Ⅲ型专变采集终端与开关信号接线对应表

控制及状态信号	开关接线端子	专变采集终端	专变Ⅲ型
控制信号 （第1回路）	电动跳闸回路端子	第1路遥控	31-开
	电动跳闸回路端子		32-COM
控制信号 （第2回路）	电动跳闸回路端子	第2路遥控	34-开
	电动跳闸回路端子		35-COM
状态信号 （第1回路）	开关量	第1路遥信	13-1+
	开关量		14-1-
状态信号 （第2回路）	开关量	第2路遥信	15-1+
	开关量		16-1-

2.智能开关

①断路器采用三相支柱式结构,具有开断性能稳定可靠、无燃烧和爆炸危险、免维修、体积小、重量轻和使用寿命长等特点。断路器采用全封闭结构,密封性能好,有助于提高防潮、防凝露性能,特别适用于严寒或潮湿地区使用。

②采用小型化弹簧操动机构,储能电机功率小,分合闸能耗低;机构传动采用真动传输方式,零部件数量少,可靠性高。操动机构置于密封的机构箱内,防止操动机构发生锈蚀,提高机构的可靠性。

③断路器的分、合闸操作可采用手动或电动操作及远方遥控操作。断路器可以装设二相或三相电流互感器,供过电流或短路保护用,也可以给智能控制器提供电流采集信号;根据用户要求加装计量用电流互感器。人工现场合闸复电有手动按钮控制与无线遥控两种控制方式,遥控距离不小于30米。

千伏断路器主要技术参数,如表2所示。

表2 千伏断路器主要技术参数

序号	参数名称		单位	标准参数值	
1	灭弧室类型			真空灭弧室	
2	额定电流		A	630	1250
3	主回路电阻		mW	≤80	
4	额定工频1min耐受电压	断口	kV	48	
		相间、对地		42	
5	额定雷电冲击耐受电压峰值(1.2/50ms)	隔离断口	kV	85	
		相间、对地		75	
6	额定短路开断电流		kA	20	25
7	额定短路关合电流(峰值)		kA	50	

续表

序号	参数名称	单位	标准参数值	
8	额定短时耐受电流	kA/s	20/4	25/4
9	额定峰值耐受电流	kA	50	63
10	断路器开断时间	ms	≤40	
11	断路器合闸弹跳时间	ms	≤2	
12	三相分合闸不同期性	ms	≤2	
13	触头开距	mm	9±1	
14	触头超程	mm	2.5±0.5	
15	断路器分闸时间	ms	20~50	
16	断路器合闸时间	ms	25~60	
17	断路器分、合闸平均速度 分闸速度	m/s	1.1±0.3	
17	断路器分、合闸平均速度 合闸速度	m/s	0.6±0.2	
18	机械稳定性	次	≥10000	
19	额定操作顺序		分-0.3s-合分-180s-合分	
20	辅助和控制回路短时工频耐受电压	kV	2	
21	控制电源电压	V	AC 220V、AC 110V	
22	保护电流	A	100/5、200/5、400/5、600/5现场可选（与断路器一体化），准确等级10P20，容量不小于10VA	
23	零序电流互感器		20/1一次电流为5~60A时二次电流保持线性10%；一次电流大于60A时，二次电流不小于3A（与断路器一体化，独立零序）	
24	操作机构		双操作机构	
25	海拔高度	m	≥3000	

低压断路器主要技术参数，如表3所示。

表3　低压断路器主要技术参数

主要技术参数	符号	单位	指标	
壳架等级额定电流	Inm	A	800	
型号				
极数			3	
额定工作电流		V	320/400/500/630/700/800	
额定绝缘电压	Ui	V	800	
额定冲击耐受电压	Uimp	kV	8	
使用类别			B	
极限环境温度		℃	−25~70	
是否具有隔离功能			是	
短路分断能力			一般型	高型
额定工作电压	Ue	V	400	400
额定极限短路分断能力	Icu	kA	70	100
额定运行短路分断能力	Ics	kA	70	75
额定短时耐受电流	Icw	kA（0.8s）	9.6	
费控分闸			符合功能要求	
续费合闸			符合功能要求	
闭锁			符合功能要求	
费控本地指示灯			符合功能要求	
过载长延时保护	Ir		（0.4~1.0）*In，反时限保护	
短路短延时保护	Isd		（2~12）*Ir，动作时间0.06~0.3s，可关闭	
短路瞬时保护	Ii	*In	（3~14）*In	
机械寿命		次	≥2500	
电气寿命		次	≥1000	
防护等级			IP20	
外形长L*宽W*高H		mm	275L*210W*190H	

控制器主要技术参数，如表4所示。

表4 控制器主要技术参数

序号	参数名称		单位	标准参数值
1	保护功能	一段过流保护	电流定值	A	0—99.99 步长0.01
2			动作时间	s	0—99.99 步长0.01
3		二段过流保护	电流定值	A	0—99.99 步长0.01
4			动作时间	s	0—99.99 步长0.01
5		三段过流保护	电流定值	A	0—99.99 步长0.01
6			动作时间	s	0—99.99 步长0.01
7		过负荷保护	电流定值	A	0—99.99 步长0.01
8			动作时间	s	0—99.99 步长0.01
9		接地保护	电流定值	A	0—99.999 步长0.001
10			动作时间	s	0—99.99 步长0.01
11		自动复归延时时间		s	0.1—9999.9步长0.01
12		PT断线检查			报警
13		过压保护	过电压值	V	0—99999.9步长0.01
14			延时时间	s	0—99.99 步长0.01
15		欠压保护	过电压值	V	0—99999.9步长0.01
16			延时时间	s	0—99.99 步长0.01
17		防涌流保护延时时间		s	0—99.99 步长0.01
18	测控功能	11路遥信开入采集			输入可定义无源接点
19		远方/就地控制			输入无源接点
20		三相电流检测		A	5A/1A
21		三相电压检测		V	100
22		零序电压检测		V	3.25
23		零序电流检测		A	1
24		手持遥控全分闸距离		米	≥30
25		SOE		条	≥100
26		费控合闸			输入无源接点
27		拒动作记录		条	≥100
28		费控分闸			输入无源接点

续表

序号	参数名称		单位	标准参数值
29	通信	物理接口		RS485、RS232、以太网GPRS/GSM
30		通信协议		平衡101 非平衡101、104
31		付费购电接口		输入无源接点
32		门控接口		输入无源接点
33		遥信接口		输入无源接点
34		工作电源	V	AC/DC85--264
35		运行环境温度	℃	20

二、典型通用设计

现场典型配置方案场景应用包含户外柱上、箱式变、配电室，电缆入户等多种形式，针对不同的客户性质、电压等级、计量设备安装形式、开关类型等，制定了6种现场典型配置方案。

专变客户费控现场配置典型通用设计列表，如表5所示。

表5 专变客户费控现场配置典型通用设计列表

方案编号	适用范围	方案说明
TYSJ-01	适用于户外柱上式（高供高计）	①单（多）电源进线，采取高供高计计量方式 ②客户用电性质多样，存在重要负荷，需采用专变采集终端按轮次控制分路和总路开关；反之，客户负荷分布不明确，不能有效区分主要、次要负荷，则采用控制总路开关 ③本方案推荐变压器高压侧加装真空断路器（负荷开关）、低压侧加装塑壳断路器（若有次要负荷）作为费控开关，专变采集终端费控轮次一接办公用电或生产辅助用电低压分路开关，轮次二接高压真空断路器

续表

方案编号	适用范围	方案说明
TYSJ-02	适用于户外柱上式（高供低计）	①单（多）电源进线，采取高供低计计量方式。客户用电性质多样，存在重要负荷，需采用专变采集终端按轮次控制分路和总路开关 ②本方案推荐变压器低压侧总路和各类用电性质分路安装塑壳断路器，专变采集终端费控轮次一接办公用电或生产辅助用电低压分路断路器，轮次二接低压总路断路器 ③计量装置与专变采集终端应安装于低压总路断路器之前，保证跳闸执行后计量装置及专变采集终端始终处于带电状态
TYSJ-03	适用于电缆入户进线或户外箱式变（高供高计）	①单（多）电源电缆入户进线，采取高供高计计量落地安装方式 ②客户用电性质单一，需采用专变采集终端控制总路 ③本方案推荐变压器高压侧加装带电控功能的真空断路器（负荷开关），终端费控回路接高压真空断路器（负荷开关）
TYSJ-04	适用于户外箱式变（高供高计）	①单（多）电源进线，采取高供高计计量方式。采用专变采集终端在高压侧控制总路开关 ②本方案推荐在变压器高压侧总线上加装具备遥控、遥信、自动跳闸功能的高压真空断路器
TYSJ-05	适用于户外箱式变（高供低计）	①单（多）电源进线，采取高供低计计量方式。采用专变采集终端控制低压侧总路、分路 ②本方案推荐变压器低压侧总线上应装带电控功能的框架式断路器，在低压侧各出线回路上应装带电控功能的塑壳断路器
TYSJ-06	适用于户内屏柜式（高供高计）	①户内屏柜式单（多）电源进线客户，采用高供高计计量方式 ②开关选用移出式断路器（固定式断路器），专变采集终端在高压侧控制开关

1. 户外柱上式专变客户费控现场通用设计

对于计量方式为高供低计的用户，远程费控主要通过低压侧负荷开关实现，可选择总控或多路分控方式实现费控，仅需将用户低压出线开关配置为智能开关，并将控制回路接入采集终端即可实现费控功能，在终端触点不足的情况下，可以加装继电器，实现同一轮次控制多条回路。对于计量方式为高供高计的用户，亦可选择总控或分路控制的方式实现费控。

根据供电方式、计量方式、控制信号来源、控制回路和开关类型的不同，将户外柱上式专变客户费控现场通用设计方案分为3类，设计的基本原则如下。

①专变采集终端电源应取自线路侧单独取电PT（建议支持AC220V/AC100V双电源输出），专变采集终端跳闸控制接点容量不足或接点数量不够时，应加装中间继电器。

②选用的开关应具有遥控端子、遥信输出信号，专变采集终端应接入开关遥信信号，能够检测接入开关的状态。对于多电源（多开关）进线的客户，宜在各电源线路侧加装终端与开关，通过主站下发跳闸指令实现费控。

③专变采集终端接入被控开关时，推荐选择常开方式，避免使用常闭方式带电引起的安全隐患。客户侧电能计量箱（屏）应有足够的空间，安装专变采集终端及其二次控制、遥信和报警回路，相关技术要求符合国网标准。

通用设计一：本设计适用于单（多）电源进线，采取高供高计计量方式。若客户用电性质多样，且存在重要负荷，需采用专变采集终端按轮次控制分路和总路开关；反之，若客户负荷分布不明确，不能有效区分主要、次要负荷，则采用控制总路开关方式。本设计推荐变压器高压侧加装真空断路器（负荷开关）、低压侧加装塑壳断路器（若有次要负荷）作为费控开关，专变采集终端费控轮次一接办公用电或生产辅助用电低压分路开关，轮次二接高压真空断路器。主要设备材料清单，如表6所示。

表6 主要设备材料清单

序号	名称	主要技术参数	单位	数量	备注
1	互感器（电磁式/电子式）	CT:0.2S级，PT: 0.2级	套	1	
2	取电PT	10（35）kV/0.22/0.1kV，准确度3P	台	1	可选
3	断路器（或负荷开关）	符合GB/T 1984—2014（3804），具有遥控、遥信，常开触点	台	1	
4	塑壳断路器	符合GB/T 14048.2，具有遥控、遥信，常开触点	台	1	可选
5	智能电能表	三相三线：3×100V，3×1.5（6）A 三相四线：3×57.7/100V，3×1.5（6）A 准确度：不低于0.5s	只	1	
6	专变采集终端	符合Q/GDW 374.1、Q/GDW 375.1、Q/GDW 379.2标准（Ⅲ型）	台	1	
7	中间继电器	AC220V，用于费控控制	个	1	选配
8	回路状态巡检仪	上行通信信道：GPRS 工作模式：三相三线，三相四线 接线方式：压接式安装，穿心式安装	台	1	

设计图纸，如图2和图3所示。

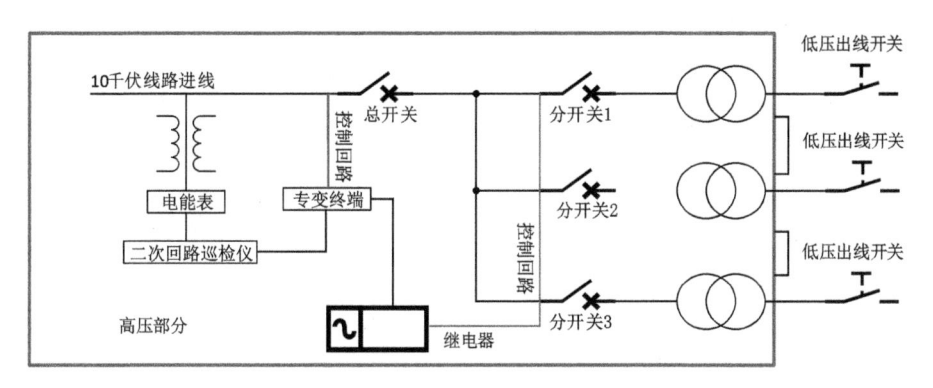

图2 一次回路接线示意图

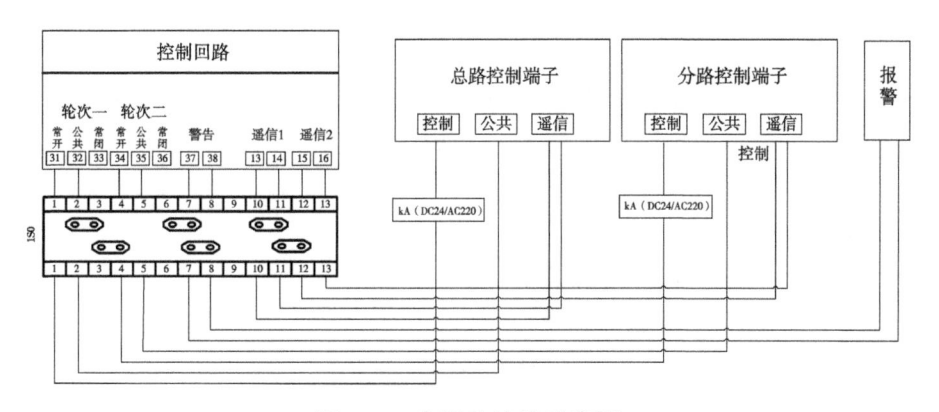

图3 二次回路接线示意图

现场实物示意图，如图4所示。

图4 现场实物示意图

现场安装结构布置，如图5和图6所示。

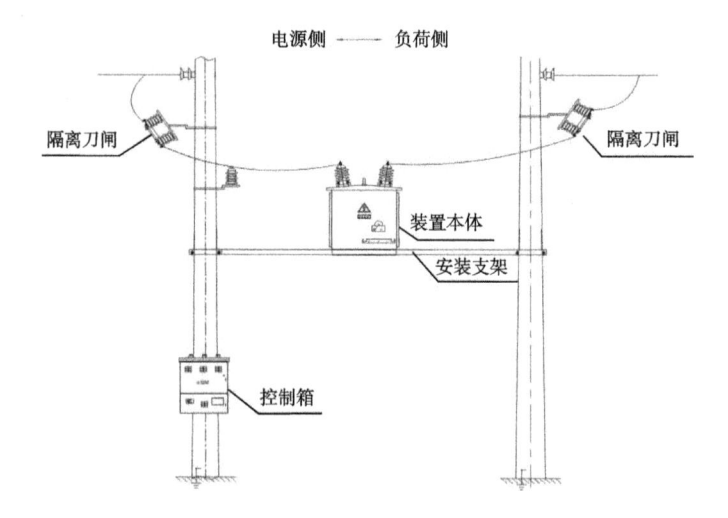

图 5　10kV 智能交费一体化装置（高供高控）双杆安装示意图

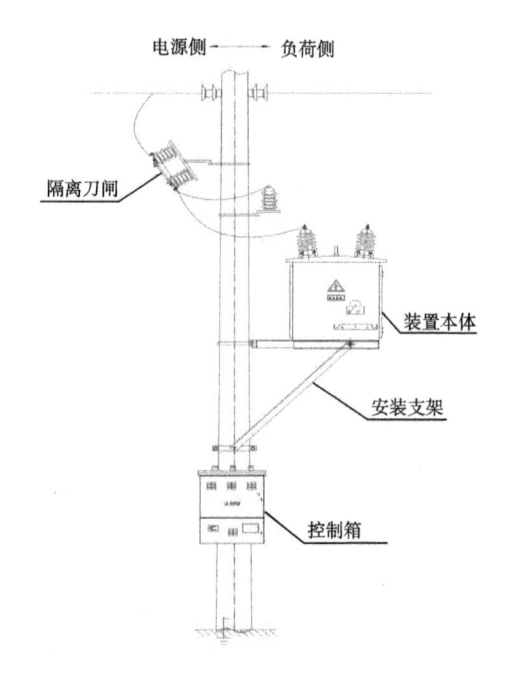

图 6　10kV 智能交费一体化装置（高供高控）单杆安装示意图

通用设计二：本设计适用于单（多）电源进线，采取高供低计计量方式，客户用电性质多样，存在重要负荷，需采用专变采集终端按轮次控制分路和总路开关。本设计推荐变压器低压侧总路和各类用电性质分路安装塑壳断路器，专变采集终端费控轮次一接办公用电或生产辅助用电低压分路断路器，轮次二接低压总路断路器。计量装置及专变采集终端应装在低压总路断路器之前，保证跳闸执行后计量装置及专变采集终端始终处于带电状态。主要设备材料清单，如表7所示。

表7 主要设备材料清单

序号	名称	主要技术参数	单位	数量	备注
1	塑壳断路器	符合GB/T 14048.2，具有遥控、遥信，常开触点	台		
2	智能电能表	3×220V/380V，3×1.5（6）A 准确度：不低于0.5s	只	1	
3	专变采集终端	符合Q/GDW 374.1、Q/GDW 375.1、Q/GDW 379.2标准（Ⅲ型）	台	1	
4	中间继电器	AC220V，用于费控控制	个	1	选配
5	回路状态巡检仪	上行通信信道：GPRS 工作模式：三相四线 接线方式：压接式安装，穿心式安装	台	1	

设计图纸，如图7至图8所示。

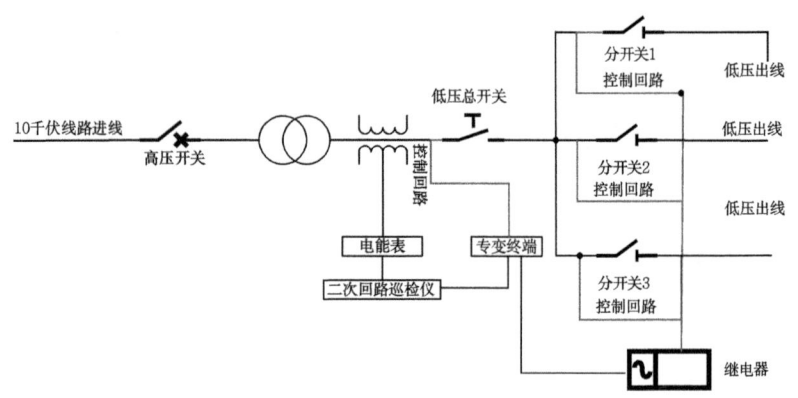

图7 一次回路接线示意图

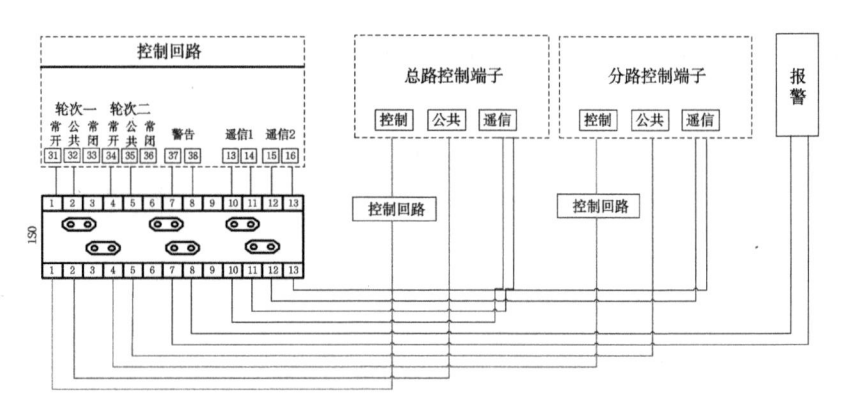

图8 二次回路接线示意图

现场安装示意图，如图9所示。

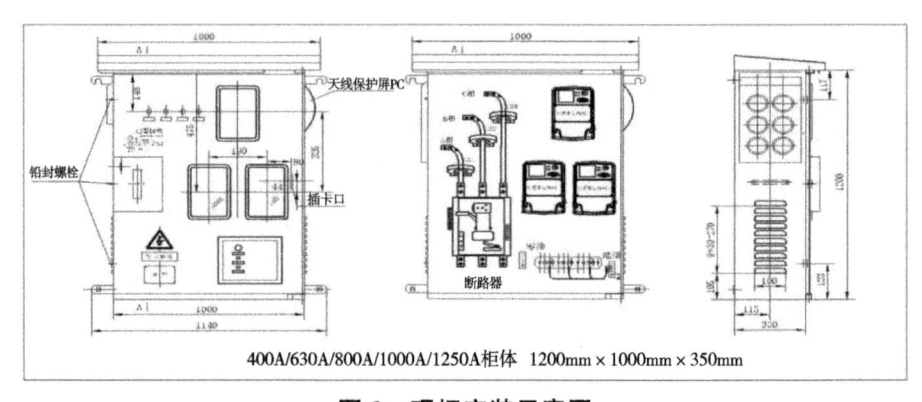

400A/630A/800A/1000A/1250A柜体　1200mm×1000mm×350mm

图9 现场安装示意图

通用设计三：本设计适用于单（多）电源电缆入户进线，采取高供高计计量落地式安装方式，客户用电性质单一，需采用专变采集终端控制总路开关。本设计推荐变压器高压侧加装带电控功能的真空断路器（负荷开关），终端费控回路接高压真空断路器（负荷开关）。主要设备材料清单，如表8所示。

表8　主要设备材料清单

序号	名称	主要技术参数	单位	数量	备注
1	互感器（电磁式/电子式）	CT:0.2S级，PT: 0.2级	套	1	
2	取电PT	10（35）kV/0.22/0.1kV，准确度3P	台	1	可选
3	断路器（或负荷开关）	符合GB/T 1984—2014（3804），具有遥控、遥信，常开触点	台	1	
4	塑壳断路器	符合GB/T 14048.2，具有遥控、遥信，常开触点	台	1	可选
5	智能电能表	三相三线：3×100V，3×1.5（6）A 三相四线：3×57.7/100V，3×1.5（6）A 准确度：不低于0.5s	只	1	
6	专变采集终端	符合Q/GDW 374.1、Q/GDW 375.1、Q/GDW 379.2标准（Ⅲ型）	台	1	
7	中间继电器	AC220V，用于费控控制	个	1	选配
8	回路状态巡检仪	上行通信信道：GPRS 工作模式：三相三线，三相四线 接线方式：压接式安装，穿心式安装	台	1	
9	高压计量柜	满足高压计量柜国家标准（单位：mm）	面	1	

设计图纸，如图10和图11所示。

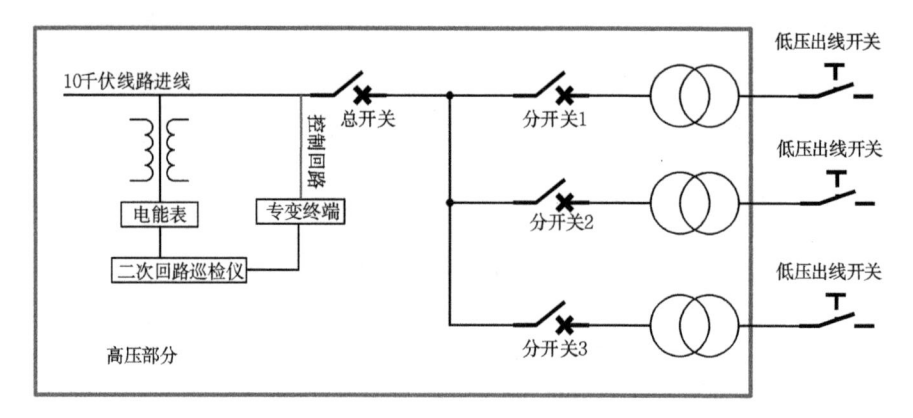

图 10　一次回路接线示意图

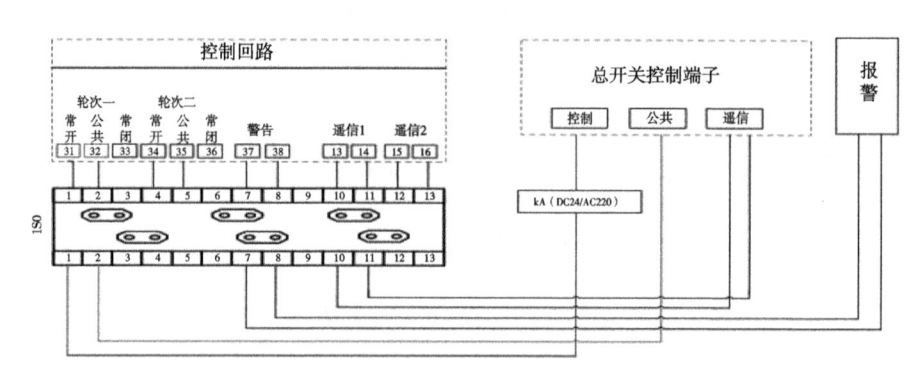

图 11　二次回路接线示意图

现场安装示意图，如图12所示。

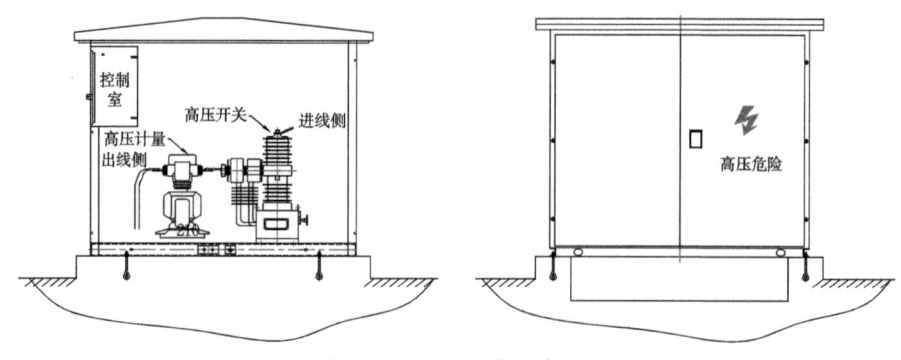

图 12　现场安装示意图

2. 户外箱式变专变客户费控现场通用设计

箱式变专变用户如果选择总控方式，可通过将用户箱式变高压智能开关控制回路接入专变采集终端实现费控，对无法实现费控功能的，可以对高压柜内电压、电流互感器进行改造，并加装真空开关实现费控。例如，箱式变高压室改造难度较大，且在箱式变附近安装外置智能交费终端时，可选择在箱式变旁单独安装落地式或柱上费控成套设备实现对用户的远程费控，此时需将电能表、采集终端及费控开关、PT、CT 等安装在费控成套设备专用计量箱内。

若选择分路控制方式，可选择在箱式变低压室各路低压出线安装智能开关，通过接入采集终端实现费控，在触点不足时，可通过加装继电器实现多路同时费控。对于具有独立多台箱式变的专变用户，需要在每台箱式变单独安装成套的费控设备实现对用户的远程费控，此时需将电能表、采集终端及费控开关、PT、CT 等安装在费控成套设备专用计量箱内。

根据供电方式、计量方式、控制信号来源、控制回路和开关类型不同，将户外箱式变专变客户费控现场通用设计方案分为两类，设计的基本原则如下。

①变压器低压侧总线上应装带电控功能的框架式断路器。专变采集终端的供电电源应取自总线框架式断路器前端，避免框架式断路器跳闸后无法实现远程合闸操作。

②选用的框架式断路器应具有遥控端子、遥信输出信号，专变采集终端应接入开关遥信信号，能够检测接入开关的状态。专变采集终端控制回路接入被控框架式断路器节点，推荐选择常开方式触点，避免使用常闭方式带电引起的安全隐患。

③专变采集终端跳闸控制常开节点具有监测控制回路状态的功能，

当控制回路异常断开时，专变采集终端将产生回路断开事件上报主站。当控制回路执行正常跳闸指令时，专变采集终端不会产生事件上报。

通用设计一：本设计适用于单（多）电源进线，采取高供低计计量方式，专变采集终端在低压侧控制总路开关，本设计采用低压侧总路控制，控制对象为低压侧总路框架式断路器。主要设备材料清单，如表9所示。

表9 主要设备材料清单

序号	名称	主要技术参数	单位	数量	备注
1	框架式断路器	具备电动控制的遥信遥控功能，至少预留一路给专变采集终端遥信和遥控使用	个	1	
2	智能电能表	3×220V/380V，3×1.5（6）A 准确度：不低于0.5s	只	1	
3	专变采集终端	符合Q/GDW 374.1、Q/GDW 375.1、Q/GDW 379.2标准（Ⅲ型）	台	1	
4	中间继电器	AC220V，用于费控控制	个	1	选配
5	回路状态巡检仪	上行通信信道：GPRS 工作模式：三相四线 接线方式：压接式安装，穿心式安装	台	1	

设计图纸，如图13和图14所示。

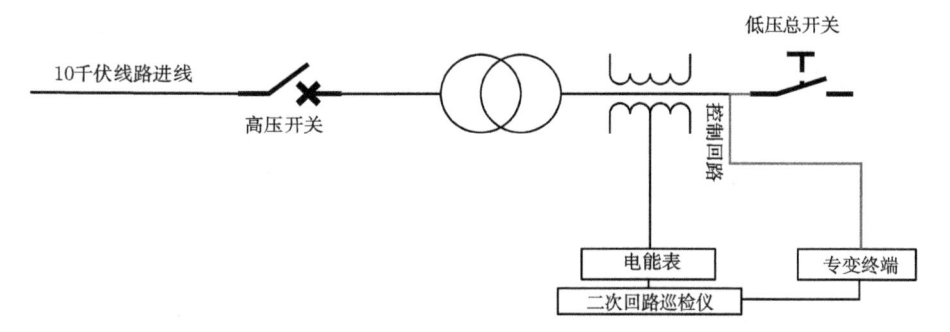

图13 一次回路接线示意图

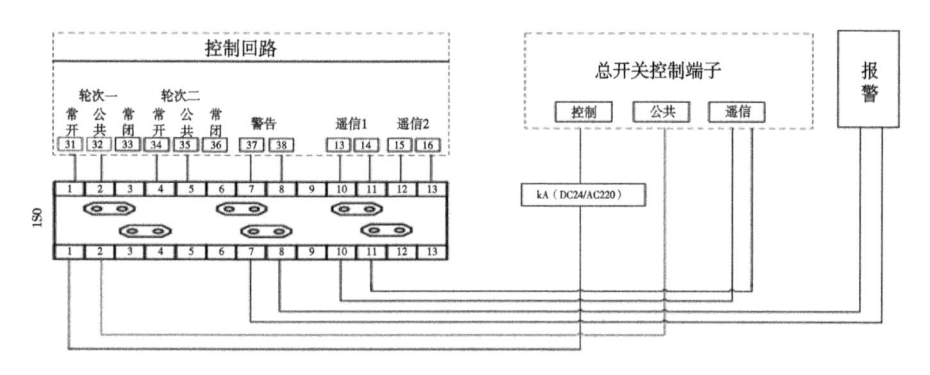

图14 二次回路接线示意图

现场安装结构布置示意图，如图15所示。

图15 现场安装结构布置示意图

通用设计二：本设计适用于单（多）电源进线，采取高供低计计量方式，采用专变采集终端控制低压侧总路、分路。本设计推荐变压器低压侧总线上应装带电控功能的框架式断路器，在低压侧各出线回路上应装带电控功能的塑壳断路器。主要设备材料清单，如表10所示。

表10　主要设备材料清单

序号	名称	主要技术参数	单位	数量	备注
1	框架式断路器	具备电动控制的遥信遥控功能，至少预留一路给专变采集终端遥信和遥控使用	个	1	
2	智能电能表	3×220V/380V，3×1.5（6）A 准确度：不低于0.5s	只	1	
3	专变采集终端	符合Q/GDW 374.1、Q/GDW 375.1、Q/GDW 379.2标准（Ⅲ型）	台	1	
4	中间继电器	AC220V，用于费控控制	个	1	选配
5	回路状态巡检仪	上行通信信道：GPRS 工作模式：三相四线 接线方式：压接式安装，穿心式安装	台	1	
6	塑壳断路器	符合GB 1984—2014，具有遥控、遥信，常开触点	个	1	

设计图纸，如图16和图17所示。

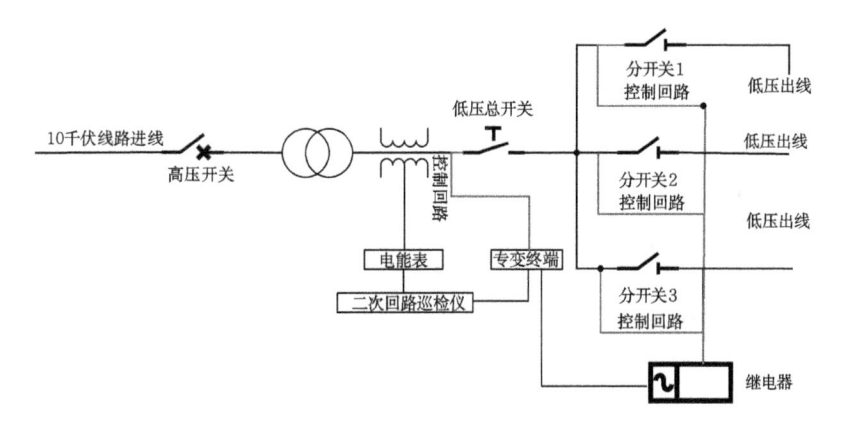

图 16　一次回路接线示意图

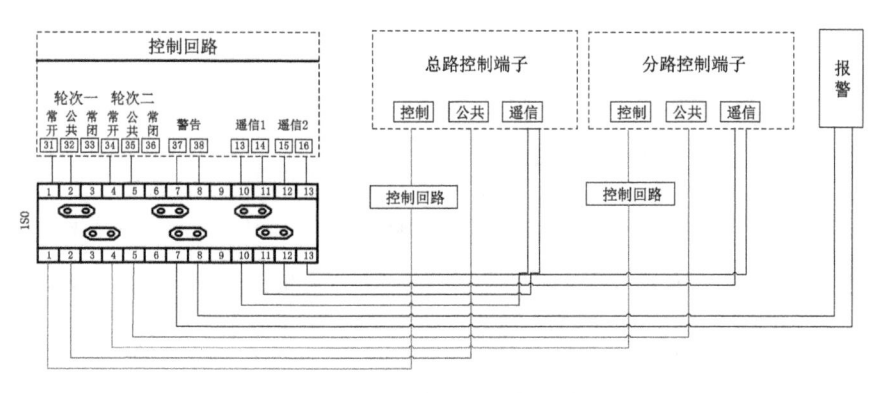

图 17　二次回路接线示意图

现场安装结构布置示意图，如图18所示。

图 18　现场安装结构布置示意图

3. 户内屏柜式专变客户费控现场通用设计

配电室专变用户在配电室内一般安装有多台变压器，形成多路供电，在进行新装（增容）时，可根据现场实际情况，对每一路安装独立的进线计量柜，且在进线计量柜安装电能表、专变采集终端、智能真空断路器等设备实现费控，或在变压器低压侧出线安装智能开关，通过接入专变采集终端，或加装继电器实现低压侧一路或多路同时费控，此类用户不宜选用对进线柜总开关操作实现费控。

专线用户宜采用通过在用户侧新增一个专变采集终端与用户侧具备费控功能的负荷开关连接来实现费控，新增专变采集终端安装位置需根据现场实际环境确定，建议首选与具备费控功能负荷开关位置较近的用户厂区配电柜、电源进线柜等位置安装，且能将开关回路的遥测遥信信号上传回主站，以保证主站对开关控制回路的实时监控，并能对控制回路进行铅封保护，防止用户随意拆除破坏。若选择在变电站侧进行控制，应加装高压电子表盘控制器（带开关分合闸及报警状态显示），通过高压电子表盘控制器将厂站采集终端与跳闸回路连接起来实现费控。

根据供电方式、计量方式、控制信号来源、控制回路和开关类型不同，将户内屏柜式专变客户费控现场通用设计方案分为一类，设计的基本原则如下。

①高压进线柜选择费控开关时宜选用移出式断路器。专变采集终端的供电电源应取自线路侧PT，移出式断路器跳闸后无法实现远程合闸操作。

②选用的高压移出式断路器应具有遥控端子、遥信输出信号，专变采集终端应接入开关遥信信号，能够检测接入开关的状态。专变采集终端控制回路接入被控移出式断路器节点，推荐选择常开方式触点，

避免使用常闭方式带电引起的安全隐患。

③专变采集终端跳闸控制常开节点具有监测控制回路状态的功能，当控制回路异常断开时，专变采集终端将产生回路断开事件上报主站。当控制回路执行正常跳闸指令时，专变采集终端不会产生事件上报。

本设计适用于户内屏柜式单（多）电源进线客户，采用高供高计计量方式，费控开关选用移出式断路器（固定式断路器），专变采集终端在高压侧控制开关。主要设备材料清单，如表11所示。

表11 主要设备材料清单

序号	名称	主要技术参数	单位	数量	备注
1	断路器	移出式断路器	台	1	
2	智能电能表	三相三线：3×100V，3×1.5（6）A 三相四线：3×57.7/100V，3×1.5（6）A 准确度：不低于0.5s	只	1	
3	专变采集终端	符合Q/GDW 374.1、Q/GDW 375.1、Q/GDW 379.2标准（Ⅲ型）	台	1	
4	中间继电器	AC220V，用于费控控制	个	1	选配
5	回路状态巡检仪	上行通信信道：GPRS 工作模式：三相四线 接线方式：压接式安装，穿心式安装	台	1	
6	互感器（电磁式/电子式）	CT:0.2S级，PT:0.2级	套	1	

设计图纸，如图19和图20所示。

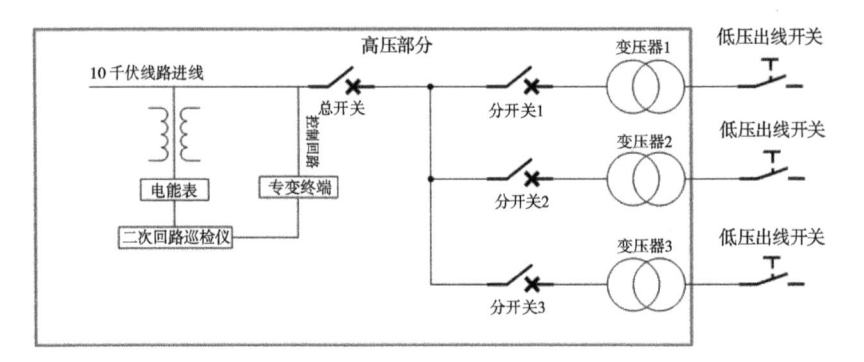

图19 一次回路接线示意图

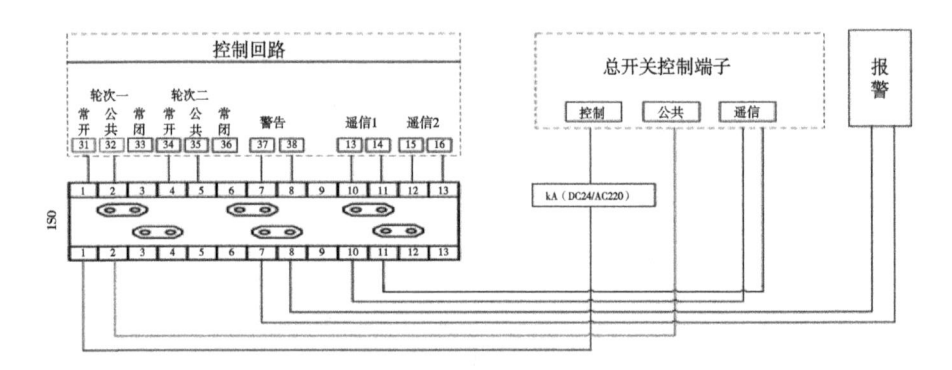

图20 二次回路接线示意图

现场实物安装结构示意图，如图21所示。

图21 现场实物安装结构示意图

附件三 智能交费远程停复电业务开通申报条件

智能交费远程停复电业务开通申报条件如下。

①智能交费远程停复电业务申报开通，原则上应以县（区）公司、供电服务中心为基本单位，由市（州）供电公司对照填报标准申请单后向省公司提出开通申请。

②申报单位远程智能交费客户原则上应全部签约，营销系统中协议签约上传比例应为100%。

③申报单位低压客户日均采集成功率达到98%及以上。

④申报单位远程智能交费客户在营销系统中的账务联系人信息完整、准确，账务联系人手机号码不能为空，账务联系人号码完整率应为100%。

⑤申报单位计量库房中应有足够数量的备表，以确保在现场掌机多次复电失败等特殊情况下可以及时安排换表。

⑥申报单位应按照本单位选择确定的审批停电业务模式向省计量中心申领用于审批停电的USB Key，并将USB Key发放给相关操作人员。

⑦申报单位综合考虑客户数量、供电营业机构数量、供电半径、计量采集及交通等情况，配备一定数量的计量掌机，最低要求每个供电所（营业班）配置2台及以上的掌机，作为现场停复电的有效技术支撑工具。

⑧申报单位配置的计量掌机应完成操作员卡（业务员卡）的写卡登记、程序升级、无线调试和采集运维闭环管理平台接入，且在闭环管理平台中完成与台区的关联设置。

⑨申报单位应建立24小时服务应急保障机制，不断完善快速反

应、即时处理的智能交费闭环工作机制，及时处理客户档案、电量采集、电费测算、计量装置、停复电等各类异常情况，确保客户交费后24小时内及时复电。

⑩市（州）供电公司应在地市层面组建智能交费业务推广运营支撑团队，由计量、采集、电费、优服、营销信息等相关专业人员组成，明晰工作职责，并建立有效的上下协调联动的工作机制，分析和解决现场出现的各类问题，指导基层单位进行业务推广。建立本单位智能交费问题库，遇有系统性、功能性及地市层面无法解决的问题时应向省级项目实施组反馈，由省级项目组协调处理。申报时地市层面支撑团队组建的有关文件须一并上报。

⑪申报单位应组织智能交费及远程停复电业务的有关培训，内容应包括市（州）公司争取到的工信委智能交费批复政策、智能交费业务基础知识、费控相关系统操作、计量掌机操作、费控短信，以及掌上电力、电e宝支撑费控相关功能等。

⑫申报单位应提前做好远程停复电业务应用95598知识库报备，确保国网客服南中心掌握各单位业务应用的范围和计划，以做好客户服务衔接工作。

附件四　掌机操作说明

掌机操作的具体说明如下。

①使用前需确保掌机程序已升级为接入闭环的程序，同时计算机已安装现场服务终端前置程序FSS2SetupV3.7.51.exe，如图1和图2所示。

图1　现场服务终端前置程序　　图2　现场服务终端前置程序快捷图标

②参数的具体设置。

步骤一：前置程序参数设置。打开前置程序，设置服务器地址和端口、监听端口，如图3和图4所示。

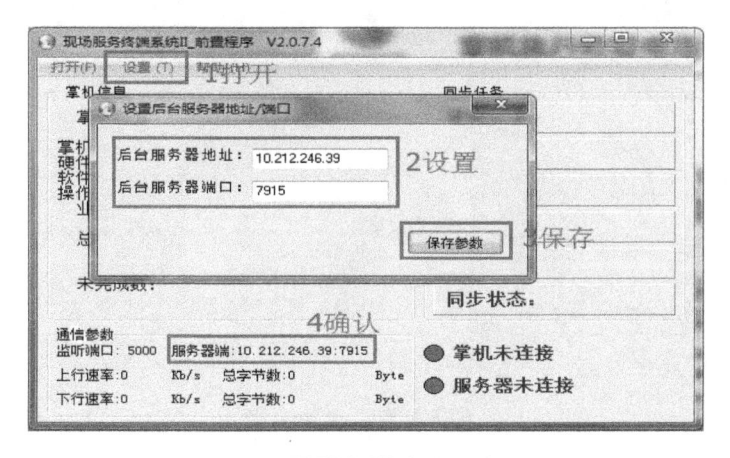

图3　设置服务器地址和端口

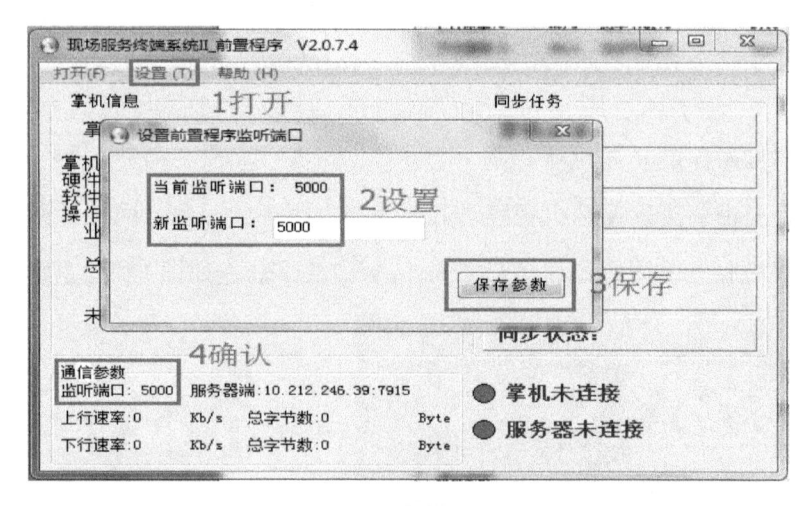

图4 设置前置程序监听端口

步骤二：掌机参数设置。打开掌机，输入开机密码"111111"（6个"1"）。设置掌机端口，进行系统参数、GPRS参数设置，端口设置为5000，选中USB按Enter键确认设置，如图5所示。

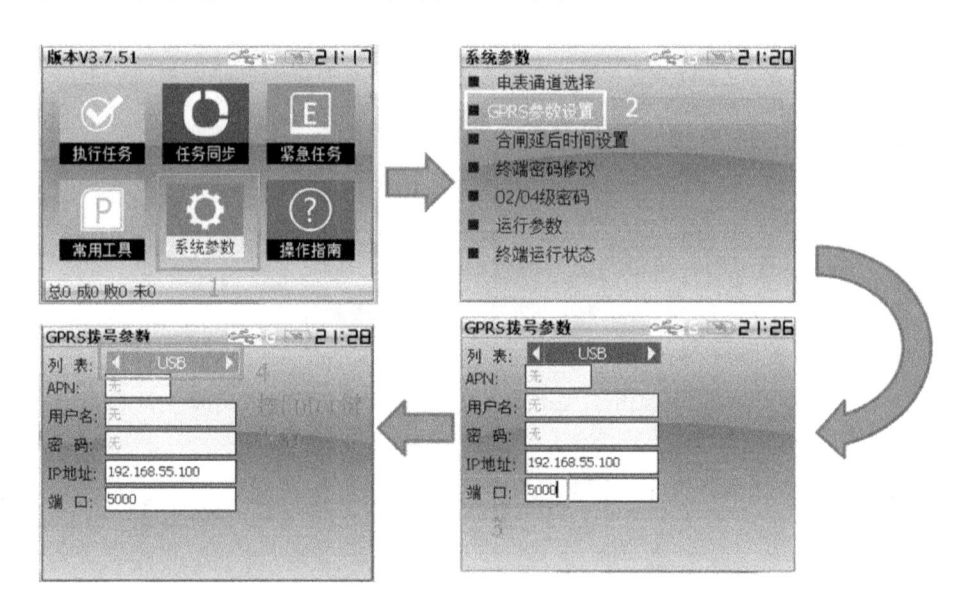

图5 掌机参数设置

步骤三：用数据线将掌机连接至计算机，打开前置程序，确保掌机和计算机连接成功，服务器已连接，如图6所示。

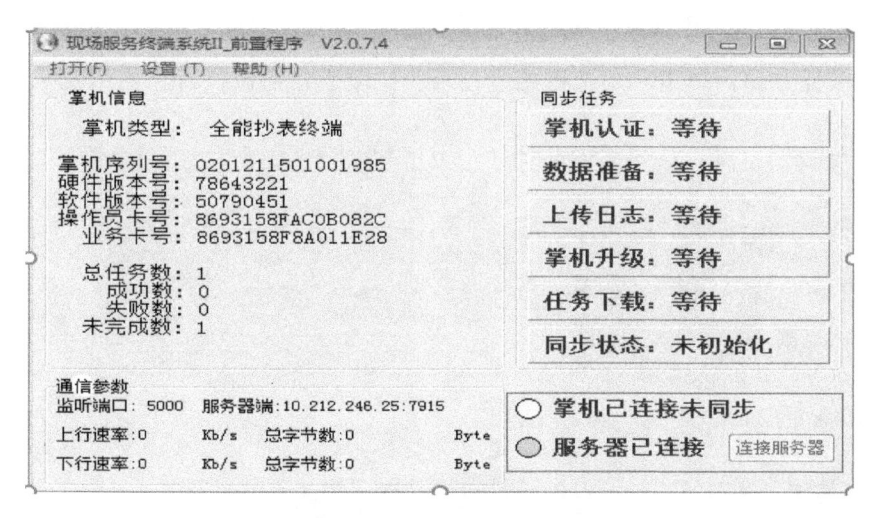

图6　将掌机连接至计算机

步骤四：在掌机上选择任务同步，按Enter键将停/复电工单下载至掌机，如图7所示。

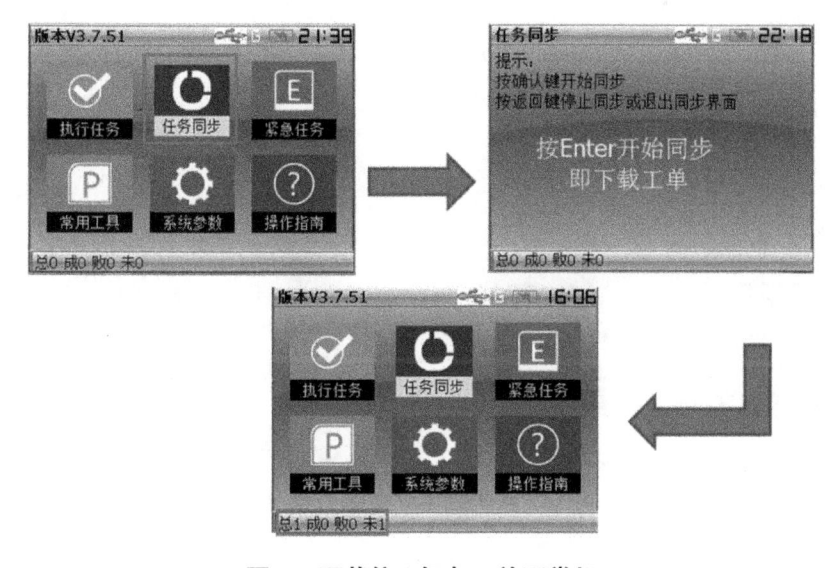

图7　下载停/复电工单至掌机

步骤五：同步成功后，在"执行任务""未执行任务""所有任务"里可查看刚下载的任务。然后到电表现场选择激光获取任务，注意需将掌机红外与电表红外对准，按掌机扳机键可获取此表对应任务。成功获取任务后，单击右键选择相应模板，按电表扳机键执行，如图8所示。

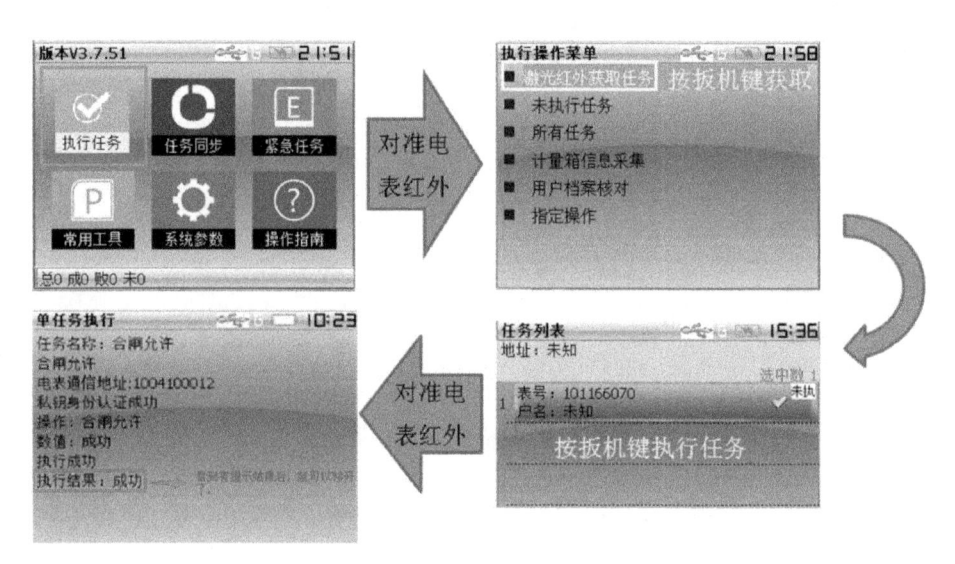

图8 获取并执行任务

步骤六：掌机执行完任务后需再次同步，将现场执行的结果反馈给闭环系统，如图9所示。

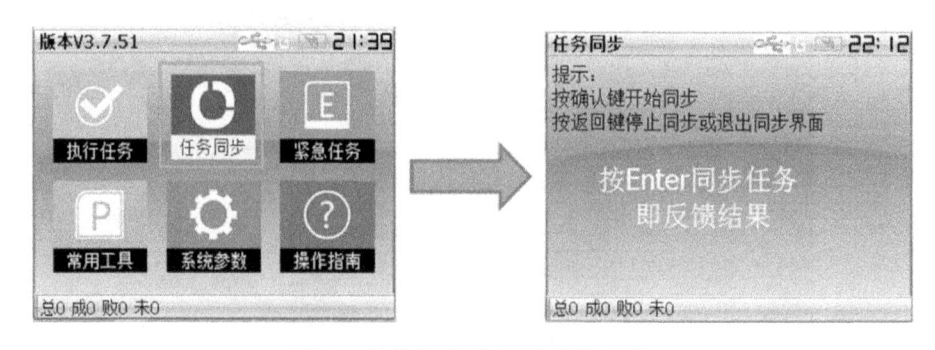

图9 反馈执行结果至闭环系统

附件五　智能电能表故障代码

序号	异常代码	异常名称	原因分析	对应解决方法
1	Err-01	控制回路错误	表计欠费，触发控制开关断电，表内继电器应断开，由于故障未断电，电能表仍能继续用电	①当客户购电后，会自动扣除透支电费，Err-01消失 ②表计故障，换表处理
2	Err-02	ESAM错误	电表内部故障，安全芯片ESAM出现错误	需更换ESAM或换表处理
3	Err-03	内卡初始化错误	电表内部故障	换表处理
4	Err-04	时钟电池电压低	电表内部故障，停电后会造成电表时间丢失	建议更换内置电池或换表处理
5	Err-05	内部程序错误	电表内部故障	换表处理
6	Err-06	存储器故障或损坏	电表内部故障	换表处理
7	Err-07	时钟故障	电表内置程序故障（09版）	可以采取现场掌机对时处理
8	Err-08	时钟故障	电表内置程序故障	可以采取现场掌机对时处理
9	Err-10	客户编号不匹配，密钥认证错误	没有加密成功或远程更新密钥失败，卡的密钥状态与表计的密钥状态不相符	①确认表计处于公钥还是私钥状态，然后使用密钥下装卡或密钥恢复卡插表计，将表计密钥类型切换到私钥状态或公钥状态，即与卡密钥状态相同，再插原来的卡即可 ②进行换表处理

续表

序号	异常代码	异常名称	原因分析	对应解决方法
10	Err-11	ESAM验证失败（数据MAC校验错误）	客户卡数据写到ESAM里时，其安全性校验发生错误	①请确认卡与ESAM是否为同一个售电系统下所发的卡或ESAM，即其安全传输规范是否匹配 ②客户卡如之前已成功购电，则可能卡片已损坏，可重新补卡 ③换表处理
11	Err-12	客户编号不匹配	客户卡里的表号或户号与表里的表号或户号不一致	先确认客户卡是否插错表计；确认表计的表号和户号，重新制作购电卡
12	Err-13	充值次数错误	卡里的购电次数与表里的购电次数的差值大于1	先确认是否为正确的客户卡，购电次数是否一致；确认表计的充值次数，重新制作购电卡；若依然出错则换表
13	Err-14	购电超囤积	客户卡里的新购电金额与表里的剩余金额相加值超过表计的囤积金额限值	暂不插卡，表计继续使用电量，待表里的剩余金额与客户卡的新购电金额相加值小于表计的囤积金额限值时，此时插卡便可购电成功
14	Err-15	现场参数设置卡对本表已经失效	现场参数卡的设置版本号小于表计的设置版本号	重新发现场参数卡，使其设置版本号大于表计里的设置版本号
15	Err-16	修改密钥错误	插密钥下装卡或密钥恢复卡时，密钥相关安全性认证发生错误	①请确定密钥下装卡或密钥恢复卡与表计里的ESAM是否为同一系统 ②换表处理

续表

序号	异常代码	异常名称	原因分析	对应解决方法
16	Err-17	未按编程键	无编程键打开符号	相关卡设置数据时需按编程键打开
17	Err-18	提前拔卡	卡相关操作未完毕就已拔卡	确保表计数据全部写入表内，待"读卡成功"字符消失再拔卡
18	Err-19	修改表号卡满（该卡无空余表号分配）	修改表号卡所允许设置的表号范围已使用完毕	重新发修改表号卡，并注意修改表号的截止范围
19	Err-20	修改密钥卡次数为0	现场参数允许的使用次数已使用完毕	重新发现场参数卡，并注意允许使用次数的设置
			密钥下装卡或密钥恢复卡所允许的使用次数已使用完毕	重新发密钥下装卡或密钥恢复卡，并注意允许使用次数的设置
20	Err-21	表计已开户（开户卡插入已经开过户的表计）	开户卡里的购电次数为1，但表里的购电次数大于1	①请确认是否插错电表，即插入别人已开过户的电表 ②如电表未开过户，且表号也对应，则应查看插参数预置卡时，其预置的购电次数是否为0（正确的参数预制卡购电次数必须为0）
21	Err-22	表计未开户（客户卡插入还未开过户的表计）	客户卡为购电卡，需要做开户卡处理，其购电次数大于或等于1，但表为新表，其购电次数为0	①请确认是否插错电表 ②请确认该表开户后做补开户卡处理，是否有重新插预置卡的动作 ③表计还未开户，不能插入购电卡，请到售电处开户

续表

序号	异常代码	异常名称	原因分析	对应解决方法
22	Err-23	卡损坏或不明类型卡（如反插卡、插铁片等）	卡操作失败，表计对卡进行复位操作不成功	①请确认卡片与卡座是否接触充分，可重复插卡进行试验 ②请确认卡片或表计卡座是否损坏 ③卡已损坏，进行换卡或补卡操作
23	Err-24	表计电压过低（此时表计操作IC卡可能会导致表计复位或损害IC卡）	相关提示	检查供电电压质量，如正常则换表
24	Err-25	卡文件格式不合法（包括帧头错、帧尾错、校验错）	卡里的文件结构规范不符合技术规范文件的要求	①请确认购电卡参数是否匹配错误 ②重新发卡，购电次数相同、卡类型（开户/售电/补卡）不同，提示此错误
25	Err-26	卡类型错	①开户卡、购电卡购电次数不为1次，购电次数与实际不符 ②卡类型为开户卡或补卡错误	购电次数为1，但购电类型为02，请更改购电类型为01，或重新制卡

续表

序号	异常代码	异常名称	原因分析	对应解决方法
26	Err-27	已经开过户的新开户卡（新开户卡回写区有数据）	对于插入的未开户的电表，该开户卡已经使用过	请确认客户卡是否插错表计
27	Err-28	其他错误（卡片选择文件错误、读文件错误、写文件错误等）	表计选择卡文件或读卡文件时发生错误	①购电卡与表号不对应 ②对于这种情况，请确认卡片与卡座是否接触充分，卡片或表计卡座是否损坏，发卡是否正确；可重复插卡进行试验，如果仍不成功，则可以重新写卡（将相同的数据重新写一遍）
			购电卡的卡序号与上一次购电所使用购电卡的卡序号不相同	该情况可能为客户原来的购电卡丢失，在售电系统补卡并且插补卡成功后，又找到原丢失的卡，插该卡时出现该错误报警
28	Err-31	表计电压过低	插卡时检测到表计电压低于80%Un	请将表计电压加大，使大于80%Un，再进行插卡操作

续表

序号	异常代码	异常名称	原因分析	对应解决方法
28	Err-31	操作ESAM错误	ESAM复位出错，未返回复位信息或返回错误信息	请确认卡与ESAM是否为同一个售电系统下所发的卡或ESAM，即安全传输规范是否匹配。如之前已成功购电，卡片可能已损坏，可重新补卡
		ESAM复位错误（ESAM损坏或未安装）	操作ESAM文件返回错误或无返回（包括明文读命令、带MAC读命令、取响应数据命令、加密数据指令、取随机数据命令和明文写命令）	请确认表计ESAM是否接触良好，如之前已成功购电，ESAM可能已损坏，可重新更换ESAM
29	Err-32	卡片复位错误（卡损坏或不明类型卡，如反插卡、插铁片等）	CPU卡复位出错，未返回复位信息或返回错误信息	①请确认卡片与卡座是否接触充分，并保证没有反插卡，可反复插卡进行试验 ②请确认卡片或表计卡座是否损坏

续表

序号	异常代码	异常名称	原因分析	对应解决方法
29	Err-32	身份认证错误（通信成功但是密文不匹配）	身份认证失败	请确认卡与ESAM是否为同一个售电系统下所发的卡或ESAM，即其安全传输规范是否匹配
		外部认证错误（通信成功但是认证不通过）	外部认证失败	请确认卡与ESAM是否为同一个售电系统下所发的卡或ESAM，即其安全传输规范是否匹配
		未发行的卡片（读卡片时返回6B00）	明文读CPU卡文件返回6B00错误	重新发卡
		卡类型错误	①CPU卡命令字不为客户卡或参数预置卡 ②客户卡中的卡类型不为01、02、03	重新发卡
		卡片操作未授权（密钥状态不为公钥时插参数预置卡）	操作预置卡或客户卡时密钥不匹配	①请确认在公钥下操作预置卡或客户卡 ②密钥状态可以通过超度密钥状态字（04000508）读出
		MAC校验错误	带MAC写CPU卡或ESAM，MAC校验错误	请确认卡与ESAM是否为同一个售电系统下所发的卡或ESAM，即其安全传输规范是否匹配。如之前已成功购电，卡片可能已损坏，可重新补卡

续表

序号	异常代码	异常名称	原因分析	对应解决方法
30	Err-33	户号、表号、卡序列号不一致	客户卡中户号或表号或电能表号编写不一致	①请确认客户卡是否插错表计 ②进行换卡处理
31	Err-34	卡片文件格式不合法	①指令信息文件数据不合法 ②客户卡指令信息文件数据不合法 ③参数预置卡指令信息文件数据不合法	①请确认是否从正确的发卡系统或售电系统发出 ②重新发卡
		购电卡插入未开户表	购电卡插入未开户的电能表	①请确认是否插错电表 ②请确认该表开户后，是否有重新插预置卡的动作
		购电次数错误	①开户卡购电次数为0或1 ②客户卡比表中购电次数大于等于2	①请确认开户卡购电次数是否为0或1 ②请确认客户卡比表中购电次数密钥大于等于2
		客户卡返写信息文件不为空	客户卡（包括开户卡、购电卡和补卡）购电次数比电能表购电次数大1，并且客户卡返写信息文件不为空	重新发卡

续表

序号	异常代码	异常名称	原因分析	对应解决方法
32	Err-35	操作卡片通信错误	①选择CPU卡应用目录文件错误 ②操作CPU卡文件返回错误或无返回（包括明文读命令、带MAC读命令、取响应数据命令、加密数据命令、取随机数命令、明文写命令）	请确认卡片与卡座是否接触充分，卡片是否损坏，表计卡座是否损坏，是否从正确的发卡系统或售电系统发出；可重复插卡进行试验，如果还是不成功，则可以重新写卡（将相同的数据重新写一遍）
		提前拔卡	未操作完提前拔卡	重新插卡，并等待至少10秒以上
33	Err-36	剩余金额超囤积	客户卡中购电金额加表中剩余金额大于囤积金额限值	请确认客户卡中购电金额加表中剩余金额不大于囤积金额限值
34	Err-51	过载	超最大电流I_{max}的1.2倍	现场核查客户用电情况
35	Err-52	电流严重不平衡	仅针对三相表	现场核查表计接线及客户用电情况
36	Err-53	过压	超额度电压Un的1.15倍	现场核查进线电压及表计接线情况
37	Err-54	功率因数越限	功率因数小于0.2	核定客户负荷性质，是否长时间使用电感负荷，如有必要需加装无功补偿器
38	Err-55	超有功需量报警事件		
39	Err-56	有功电能反向	进出线接反	检查表计接线情况

参考文件一

国家电网公司文件

国家电网营销〔2017〕236号

国家电网公司关于2017年居民客户智能交费业务推广工作的意见

各省（自治区、直辖市）电力公司、国网信息通信产业集团有限公司、国家电网公司客户服务中心、国网电子商务有限公司：

为适应电力改革和互联网技术发展新形势，满足广大居民客户便捷交费需求，现对2017年低压居民客户智能交费业务推广工作提出具体指导意见。

一、2017年智能交费推广总体思路和工作目标

（一）总体思路

依托智能电能表全覆盖和"互联网+营销服务"深化应用，以便捷客户交费、防范欠费风险、降低业务成本、保障经营效益为目标，以用电信息采集、远程实时费控等系统为支撑，以掌上电力、电e宝、95598网站以及短信平台等为手段，按照平等协商、自愿签约、增值服务的原则，大力推广智能交费业务，实现自动远程抄表、自动实时核算电费、自动远程下达电费预警、自动远程催缴电费、远程停复电及客户信息交汇互动，满足居民客户在线、灵活、互动服务需求，促进电费管理和服务方式变革，助力公司营销服务转型升级。

（二）工作目标

（1）各单位建立健全智能交费业务规则、工作流程、系统支撑和保障机制。

（2）2017年年底，公司整体低压居民客户智能交费占比达到50%以上。其中，北京、天津、四川、吉林、内蒙古自治区东部、宁夏回族自治区、新疆维吾尔自治区等公司占比达到90%以上，河北、山东、湖北、湖南、陕西等公司占比达到60%以上，山西、江西、西藏自治区等公司占比达到50%以上，冀北、辽宁、青海公司占比达到40%以上，江苏、浙江、安徽、福建、河南、黑龙江、甘肃等公司占比达到30%以上，重庆、上海公司占比分别达到10%和6%以上。

（3）对于银行代扣客户，可保留银行代扣电费结算方式，将此类客户接入远程实时费控系统，与客户签订补充协议，参照购电制客户约定通知方式和停电期限，明确每日进行电费测算并与客户银行账户余额进行比对，当出现银行账户余额小于客户测算应交电费金额或代扣不成功时实施远程停电。

二、2017年重点工作安排

（一）做好智能交费业务宣传推广工作

（1）积极开展智能交费业务宣传。扎实开展宣传推广活动，充分利用广播电视、微信微博、实体广告等各种渠道，通过电力红包、购电积分、赠送礼品等营销活动，开展智能交费业务宣传，展示各种新型服务，向客户宣传政策、解答疑问，引导客户主动转变用电消费观念，营造良好舆论氛围。

（2）逐户签订智能交费推广协议。根据平等自愿原则，与客户协商签订协议，条款中应包括电费测算规则、测算频度、预警阈值、停电阈值，预警、取消预警及通知方式，停电、复电及通知方式，通知方式变更，有关责任及免责条款等内容。允许客户自主变更智能交费模式、选择购电周期和购电额度。

（3）争取政府政策支持。积极向地方政府主管部门沟通汇报，争取其对智能交费业务的理解和支持，并通过地方立法、政府文件等形式，认同电网企业推出的购电制、预交电费方式。

（二）严格规范智能交费业务流程

（1）确保智能交费业务安全。安排专人负责费控指令操作，纳入保密人员管理，取消其他人员操作权限。在营销业务应用系统中增加智能交费执行对象的许可审批和指令操作硬件加密机制（加密U盾），在用电信息采集系统发送停电操作指令前，增加远程停电操作票制度和U盾硬件验签机制，防范无审批、超范围、伪造发送停电指令。非费控期间，关闭采集主站跳闸功能。确保4月底前完成主站适应性升级改造。

（2）确保实施准确无误。对新申请开通智能交费业务的客户，应安装智能电能表，满足用电信息实时采集、远程停复电条件，并进行现场智能交费功能调试，确保功能执行正确。

（3）严格停复电管理。严格智能交费客户可用电费余额预警阈值、停电阈值设定，预警信息发送、取消，停电信息发送，停电、复电、保电任务执行等业务的管理，确保阈值设定科学合理、信息发送及时准确、任务执行准确无误。

（4）强化智能交费业务运行监控。明确各运维主体责任和业务边界，制定智能交费业务应用异常处理机制和预案，建立快速反应、即时处理的闭环工作机制，及时处理客户档案、电量采集、电费测算，以及智能交费计量装置、终端设备等各类异常情况。在采集主站部署安全实时在线监测功能，对加密U盾的认证和退出、控制指令的操作、疑似外部非法访问等情况进行在线监测，发现异常及时处置。

（5）建立问题闭环管理机制。针对客户联络信息有误、电量电费信息采集不成功、远程停复电操作失败等问题，建立闭环管理流程，明确相关专业及人员责任、整改时限，并采取服务补救措施，化解客户疑虑与不满情绪。

（三）提升系统支撑能力

（1）完善采集系统基础设施建设。优化用电信息采集系统功能，对不满足智能交费业务和信息安全要求的电能表、采集终端等计量装置及智能交费设备进行升级改造，选择配置具备自动分合闸功能的外置断路器，规范完善施工工艺，将停复电执行结果纳入计量现场巡检工作范围，及时处理计量装置故障，全面提升采集成功率、停复电成功率，有效支撑智能交费功能应用。

（2）优化智能交费及相关支撑系统。加快远程实时费控系统软硬件设施升级改造，优化智能交费客户采集数据获取、预警研判策略、批量消息推送等功能，提升系统承载能力和运行性能，实现远程实时费控系统、营销业务应用系统、用电信息采集系统、短信平台及各电子渠道之间交互贯通，满足大规模客户电费余额日测算、远程停复电指令准确及时下达、预警及互动信息实时推送等智能交费管理需求。

（3）加强远程实时费控系统跟踪监控。各单位要建立健全7×24小时智能交费业务值班制度，加强智能交费业务采集成功率、数据推送准确率、停复电成功率等指标的在线实时监控，及时发现并处理异常，确保智能交费业务流转顺畅，快速响应客户需求。

（4）完善自有电子渠道互动功能。建立业务协同机制，拓展掌上电力、电e宝、95598网站、短信平台等线上渠道的智能交费互动支撑功能，开发智能交费客户在线签约、余额实时查询、预警主动推送、自助复电申请、电子账单、租客管理等功能，客户可随时查询并办理智能交费业务；完善多渠道在线购电充值、远程电量下发、智能交费批量代扣等功能，满足客户便捷购电、交费需求；试点研究针对智能交费客户的信用等级评价模型，向智能交费客户提供用电积分、上门用电检查、信用担保购电等增值服务，全面提升客户服务体验。

（5）强化95598热线的智能交费业务支撑。国网客服中心要对95598座席开展智能交费业务知识的学习宣贯与培训工作，制定工作预案、更新知识库，做好对客户智能交费业务的解释工作，研究智能交费推广工作可能出现的投诉问题，合理派发客户诉求工单，有效减轻智能交费推广员工的投诉考核压力。

（四）做好电e宝支撑智能交费业务推广应用

（1）通过经济激励引导客户选择智能交费模式。国网电商公司结合各省公司需求，设计专项智能交费业务推广活动，对完成代充签约的电e宝客户给予激励，通过发送电费红包和提供便捷的电费代充业务来提高智能交费客户的感知。

（2）做好智能交费业务配套服务支撑。通过掌上电力、电e宝、95598网站、短信平台等在线渠道，主动推送用电服务信息，为智能交费客户提供余额提醒等多类型消息，结合电e宝电子账单功能，加强与客户的互动，增强客户体验与服务。

三、有关工作要求

（1）高度重视，加强组织领导。各单位要认真领会、严格落实，分级成立领导小组和工作小组，分解目标任务、制订里程碑计划，加强过程管控、细化实施方案，同时制定宣传推广方案、舆情防控预案、应急处置预案等配套方案，确保推广工作有序开展。

（2）完善规则，确保业务依法合规实施。各单位要结合实际情况，制定完善智能交费客户业扩报装和业务变更、智能交费模式调整、智能交费策略制定、电费测算及复核、电费提醒及预警、远程停复电、应急处置等管理细则；细化签约流程，全面介绍功能特点、预先告知责任义务、逐项确认关键条款，确保智能交费协议签订到位，规避政策和监管风险。

（3）加强培训，防范服务风险。全面普查客户档案，确保客户信息真实有效。认真制定培训方案，编写操作手册与客户指南，加强对营业窗口、现场服务、95598座席等相关人员的业务培训工作，统一宣传答复口径，完善智能交费业务知识库，防止因宣传解释不到位引发服务舆情。

（4）落实资金，支撑智能交费业务平稳运行。国网信息通信产业集团要做好智能交费业务相关系统完善提升技术支撑工作。各单位要做好智能交费业务运行的资金预算安排，编制专项资金计划并严格落实，同时要充分结合"互联网+"交费渠道建设，将二者同步规划、同步实施。对现有智能交费相关系统进行评估，对系统性能不能满足智能交费实施要求的进行优化升级，提高智能交费业务终期承载能力。

参考文件二

国网甘肃省电力公司文件

甘电司营销〔2017〕318 号

国网甘肃省电力公司关于全面推广
智能交费业务的通知

各供电单位、国网甘肃电力科学研究院、国网甘肃信息通信公司：

为适应电力改革和互联网技术发展新形势，满足广大客户便捷交费需求，根据《国家电网公司关于2017年居民客户智能交费业务推广工作的意见》（国家电网营销〔2017〕236号）有关要求，公司决定全面推广电力客户智能交费业务，推动公司电费回收方式和营销管理模式重大创新变革，持续提升公司经营效益和客户服务水平。现将公司推广工作安排如下。

一、智能交费推广总体思路

依托智能电能表全覆盖和"互联网+营销服务"深化应用，以便捷客户交费、防范欠费风险、降低业务成本、保障经营效益为目标，以用电信息采集、远程实时费控、营销业务应用等系统为支撑，以电e宝、掌上电力、95598网站以及短信等为平台，按照平等协商、自愿签约、增值服务的原则，大力推广智能交费业务，实现自动远程抄表、自动实时核算电费、自动远程下达电费预警、自动远程催交电费、远程停复电及客户信息交汇互动，满足居民客户在线、灵活、互动服务需求，促进电费管理和服务方式变革，助力公司营销服务转型升级。

二、2017年智能交费推广工作目标

（1）各供电单位全面建立智能交费推广工作体系和长效工作机制，健全业务规则、工作流程和保障机制，丰富宣传方式，加强业务培训；电科院及省客户服务中心、省计量中心、信通公司建立智能交费业务推广和技术支撑体系。

（2）构建以自动抄表、实时算费、预付电费、交费提醒、线上交费、用电信息查询、电子账单、电子发票、客户经理专属服务为主要内容的公司智能交费新服务模式。各供电单位结合业务发展、服务需求和各地文化特点，不断拓展本单位智能交费服务内容。

对智能交费业务推广工作进度及质量进行监督、考核，防控和及时处理智能交费业务推广中的重大舆情，协调解决智能交费业务推广过程中的重大问题。

三、办事机构

领导小组下设工作办公室，办公室设在营销部（农电工作部），主要负责贯彻落实领导小组决策部署，推进智能交费业务实施，定期向领导小组汇报工作进度，负责公司智能交费业务管理与考核，指导各单位开展智能交费业务推广工作，研究并协调各专业部门从而解决推广过程中的具体问题。办公室主要成员如下。

主　　任：王林信，营销部（农电工作部）主任。

副主任：张文文，营销部（农电工作部）副主任。

　　　　李学军，营销部（农电工作部）副主任。

成　　员：营销部罗世刚、张勇红、余向前、周有学、张磊、江元及相关人员，财务部郑云鹏，人资部马逢春，科信部李方军，外联部高建玺，信通公司张磊，电科院客户服务中心郭靖琪，计量中心张睿，以及各市（州）供电公司营销部主任。

四、智能交费推广工作

（一）成立公司智能交费业务推广工作组

为加快公司智能交费业务推广，高效支撑各供电单位智能交费业务开展，全面管控推广工作进度和质量，加大智能交费宣传力度，有效防范服务风险，决定在省公司智能交费业务推广工作领导小组办公室下设立业务推广组、采集支撑组、技术支撑组、宣传服务组等专业工作组。

（1）业务推广组。由营销部营业处牵头，主要负责总体协调智能交费及线上交费推广工作，制定智能交费有关业务规则、协议并管控业务实施，衔接各单位推广工作并提出考核意见，编制培训材料并组织业务培训，建立智能交费业务问题库并督办各工作组按时限处理，组织召开工作例会及相关会议。

（2）采集支撑组。由营销部计量处牵头，主要负责协调智能交费推广有关计量专业工作，制定智能交费有关计量业务管控方案，推进计量掌机配置及现场业务应用，研究解决推广过程中有关计量问题，完善、优化用电信息采集系统的智能交费业务支撑功能。

（3）技术支撑组。由营销部综合技术处牵头，主要负责协调智能交费推广有关技术专业工作，储备智能交费有关系统营销项目，研究解决推广过程中有关系统及技术问题，完善、优化营销信息系统、短信平台等系统的智能交费业务支撑功能。

（4）宣传服务组。由营销部客户处牵头，主要负责协调智能交推广宣传工作。制定智能交费业务推广宣传方案和服务管控措施并组织实施；制作全省通用的各类智能交费宣传文档，统一宣传口径；与公司外联部、各供电单位及时沟通舆情情况，并协调组织相关预警与舆情处理。

（二）成立公司智能交费业务推广项目实施组

在上述工作组专业分工负责的基础上，为统筹做好全公司智能交费业务整体推进、基层供电单位业务推广和技术支撑工作，决定在省公司层面成立公司智能交费业务推广项目实施组，设在电科院（省客户服务中心）集中办公。项目实施组整体业务工作由省公司营销部统一领导，日常工作和人员管理由省客户服务中心具体负责。

公司项目实施组为临时工作机构，在推广初期（2017年6月至2018年6月），采取"统一领导、集中办公、专业分工、现场支撑"的方式，完成各专业工作组职责范围内的具体业务工作，全面做好各供电单位业务推广技术支撑；同时，建立"项目实施组周碰头，领导小组办公室月协调"工作机制，每月通报全公司业务推广完成情况。项目实施组成员主要由省客户服务中心、省计量中心、有关单位及营销信息系统、用电采集系统运维厂商、电商公司抽调业务人员组成。项目实施组具体人员组成如下。

组　　长：李学军，营销部（农电工作部）副主任。

副组长：罗世刚，营销部（农电工作部）营业处处长。

　　　　张勇红，营销部（农电工作部）计量处处长。

　　　　余向前，营销部（农电工作部）综合技术处处长。

　　　　江　元，营销部（农电工作部）客户处副处长。

　　　　郭靖琪，电科院客户服务中心主任。

成　　员：省客户服务中心台树杰（业务负责人）、丁筱筠，省计量中心费玮（赵小康），陇南供电公司李玲（刘爱科），朗新公司赵泓钦，深国电公司陈秀潮，国网电商公司属地人员。

项目实施组集中办公期间，项目组成员应专职开展工作并按专业分工负责。项目实施组组建后（6月下旬），应立即健全相关工作机制，明确人员责任分工，加快工作磨合，全力做好供电单位智能交费业务推广技术支撑，及时协调和解决各单位反映的智能交费业务和技术问题。

（三）落实省级技术支撑单位工作职责

智能交费业务涉及营销电费、计量、信息等多个业务领域，具体执行需要依靠营销业务应用系统、营销费控系统、用电信息采集系统及短信平台等多个软硬件系统高效协同配合，高效、有力的技术支撑是确保公司智能交费业务顺利推广实施的必备条件。

（1）落实电科院技术支撑主体职责。依据国网公司智能交费业务规范职责规定，省公司电科院及客户服务中心、计量中心是公司智能交费业务的技术支撑主体。客户服务中心应负责智能交费业务实施过程中的宣传、推广、业务培训及营销有关信息系统技术支撑工作，配合省公司开展智能交费业务运营管理；计量中心应负责计量装置智能交费业务相关功能的全面检验、检测，并对智能交费业务有关计量及采集功能优化等提出解决方案和措施。

（2）落实信通公司技术支撑主体职责。依据国网公司智能交费业务规范职责规定，省公司信通公司是公司智能交费业务的技术支撑主体，主要负责智能交费业务实施所需无线、光纤通道等通信设备运维、数据交互安全、信道优化等工作，负责智能交费业务相关自动化系统的日常运行维护、性能优化完善等工作，负责制定并执行智能交费相关业务系统应急处置预案。

（四）做好智能交费业务宣传推广工作

（1）积极开展智能交费业务宣传。鼓励各供电单位在公司智能交费统一业务基础上，设计符合地区实际、特征明显、易于接受的智能交费宣传品牌，开展宣传推广活动。利用广播电视、微信、新闻媒体、社区推广、走村入户等多种方式，通过赠送礼品、电力红包等营销活动，发动各级营销人员和片区经理、台区经理等开展智能交费业务以及"互联网+"线上交费宣传，展示各种新型服务，向客户宣传政策、解答疑问，引导客户主动转变用电消费观念，营造良好舆论氛围。

（2）逐户签订智能交费推广协议。智能交费推广前，各供电单位应按照平等自愿原则，参照省公司制定的智能交费供用电补充协议模板，与客户逐户协商签订智能交费相关业务协议，不得在客户未签订协议的情况下强行向客户推广智能交费业务。允许客户自主变更智能交费模式、选择购电方式和购电额度。同时，各单位在系统中开通客户智能交费业务时应同步上传智能交费相关协议（签字版）扫描件，确保推广客户协议签订率为100%。

（3）积极争取地方政府政策支持。智能交费业务推广过程中，各供电单位要积极向地方政府及当地工信局、工商局等主管部门沟通汇报，第一时间争取对公司智能交费业务的理解和支持，并通过地方政府文件批复、召开新闻媒体会等形式，认同供电企业推出的购电制、预交电费、负控终端建设等方式。各供电单位要力争在9月底前取得当地政府支持性政策文件。

（五）严格规范智能交费业务规则

（1）严格执行智能交费业务规范。为加强智能交费业务管理和技术支撑，规范业务执行，防范服务风险，确保智能交费业务有序开展，国网公司营销部制定了《智能交费业务规范（试行）》。公司各单位要严格依据上述统一业务规范，认真落实各级工作责任，明晰业务概念和业务范围，规范业务办理规则、测算预警规则和业务流程，健全内部工作机制。

（2）确保智能交费业务安全。安排专人负责费控指令操作，取消其他人员操作权限。在营销业务应用系统中增加智能交费执行对象的许可审批和指令操作硬件加密机制（加密U盾）；在用电信息采集系统增加远程停电U盾硬件验签机制，防范无审批、超范围的操作指令及伪造发送停电指令。对新开通智能交费业务的客户，应安装智能电能表，满足用电信息实时采集、远程停复电条件，并进行现场智能交费功能调试，确保功能执行正确。

（3）严格停复电业务管理。全公司统一智能交费客户可用电费余额预警阈值档位、停电阈值设定，通过信息系统统一管控，严格预警信息发送、取消，停电信息发送，停电、复电任务执行等业务的管理，确保阈值设定科学合理、信息发送及时准确、任务执行准确无误。各供电单位在业务推广过程中，要注意收集各项业务规则和系统技术规则应用中遇到的问题，及时向省公司营销部和项目实施组反馈。

（4）建立问题闭环管理机制。针对客户联络信息有误、电量电费信息采集不成功、远程停复电操作失败等问题，各单位要建立健全内部闭环管理流程，明确各专业、各机构及人员责任与整改时限，并建立长效工作机制，采取有效工作措施，切实解决业务推广过程中遇到的问题，不断提升智能交费业务执行水平、技术支撑水平和客户服务水平。

（六）有序开展智能交费业务推广工作

（1）结合实际优化智能交费推广方式。各供电单位应结合用电信息采集覆盖、用电报装、客户欠费及地域特点等实际情况，研究细化本单位智能交费业务推广方式。总体按照"先易后难、先试点后推广"的方式开展，建议成建制单位、按片区、按台区方式推广。同时，各供电单位要特别注意，在推广智能交费业务的过程中，应按照"推广一户智能交费、拓展一户线上交费"的原则，将智能交费和"互联网+"线上交费二者同步规划、同步推广、同步应用，进一步提升客户交费便捷性。

（2）遵循智能交费业务推广统一原则。智能交费业务推广工作启动后，针对不同客户类型和业务场景，各供电单位要规范和统一智能交费推广方式。对新装、增容客户，应在用电报装环节完成智能交费新业务模式应用；批量报装客户要与实际用电人逐户签订智能交费协议，房屋未售出且不具备合同签订条件的应采取技术措施通过智能电能表设置暂不供电，待房屋售出后再办理用电开通和协议签订手续。对存量客户，在全面推广的同时，对交费信誉不良（如连续2次及以上欠费）、违约用电、租赁及临时用电等客户优先施行。对带互感器计量的高、低压非居民客户，积极争取政策同步实施负控装置改造，为今后业务推广打下基础；已经具备实施条件的要在签订协议后尽快接入公司用电信息采集系统，实现智能交费业务应用。对近年"三供一业"改造接收的客户，各供电单位要在与移交单位、用电客户厘清改造前后电费交纳责任的基础上，接收供电前应与客户全部签订智能交费协议，接收后及时安装智能电能表，第一时间应用智能交费业务。

（3）衔接好银行代扣客户智能交费推广。对于银行代扣客户，由于目前系统银行代扣方式不能满足实时代扣的要求，各供电单位可暂时不纳入智能交费推广，保留银行代扣电费结算方式不变。全面推广过程中，各供电单位应逐户联系客户，通过推广活动激励，逐步取消传统银行代扣方式，并向客户重点推介电e宝手机App，帮助有代扣电费需求的客户开通电e宝App实时电费代扣。在客户取消银行电费代扣后，及时推广智能交费业务。

（4）强化智能交费业务运行管控。各供电单位要明确各专业部门、各技术人员、各实施单位业务职责和业务边界，制定本单位智能交费业务应用异常处理工作流程，建立系统远程停复电不成功情况下的现场停复电24小时保障工作机制，不断完善快速反应、即时处理的智能交费闭环工作机制，及时处理客户档案、电量采集、电费测算、智能交费计量装置、停复电等各类异常情况。

（5）加强智能交费业务培训。各单位要根据实际情况制作、印发智能交费培训资料和推广资料，制定培训方案并组织各级营销人员开展全员培训，加强智能交费业务规范和推广宣传的培训，并有计划地组织开展智能交费业务调考、推广竞赛等活动，确保各级营销业务人员全面掌握智能交费业务各项要求，不断提升业务推广水平和质量。

（七）提升采集及系统支撑能力

（1）完善采集系统基础设施建设。各供电单位要全面排查远程智能电能表应用情况，对内、对外明晰不同规约电能表对费控功能的支撑和操作方式。对不满足智能交费业务和信息安全要求的电能表、采集终端等计量装置应逐步进行升级改造，对带互感器计量客户选择配置具备自动分合闸功能的外置断路器，规范完善计量现场施工工艺。将日常停复电执行结果纳入计量现场巡检工作范围，及时处理计量装置故障，全面提升采集成功率、停复电成功率，有效支撑智能交费功能应用。

（2）优化智能交费及相关支撑系统。省公司统一组织实施远程实时费控系统软硬件设施升级改造，优化智能交费客户采集数据获取、预警研判策略、批量消息推送、系统业务支撑等功能，提升系统承载能力和运行性能；优化远程实时费控系统、营销业务应用系统、用电信息采集系统、短信平台及各电子渠道之间交互贯通，满足大规模客户电费余额日测算、远程停复电指令准确及时下达、预警及互动信息实时推送等智能交费业务管理需求。

（3）加强远程实时费控系统和用电信息采集系统跟踪监控。各供电单位要建立健全7×24小时智能交费业务及现场应急复电值班制度，加强智能交费业务采集成功率、数据推送准确率、停复电成功率等指标的在线实时监控，及时发现并处理异常，确保智能交费业务流转顺畅，快速响应客户需求。省信通公司要会同运维厂商建立健全7×24小时营销费控、采集等系统及短信平台运行监测机制，确保营销信息系统正常运转，支撑公司全部低压客户费控业务高效运转。

（八）做好电e宝支撑智能交费业务推广应用工作

（1）充分发挥电e宝智能交费业务支撑。为全面推动公司系统智能交费业务开展，深化落实"互联网+营销服务"工作，充分运用电子渠道在线服务功能，优化公司智能化服务，国网公司将进一步优化电e宝App电子账单、电子发票、电费代扣、智能交费线上签约等智能交费有关功能，通过自有交费平台高效支撑智能交费业务实施。各供电单位要在智能交费业务推广过程中，同步做好电e宝推广和客户应用激励，高效支撑智能交费实施工作。

（2）做好电e宝智能交费业务宣传。各供电单位应根据本单位营业厅网点数量制订自有交费平台宣传推广计划，覆盖全部营业厅。组织在各营业厅和社区电费代收点陈列摆放电e宝手机App折页、易拉宝等宣传材料。组织在营业厅部署免费Wi-Fi，Wi-Fi登录后显示首页固定为电e宝、掌上电力等下载链接。结合营业厅转型升级，在具备条件的营业厅内搭建线上体验区和智能电表体验区，在用户办理新装、增容、业务变更时，主动宣传和推广智能交费业务，引导客户下载电e宝实现线上交费。

五、有关工作要求

（一）高度重视，加强组织领导

各单位要认真领会智能交费业务实施的重要意义，严格落实公司统一工作安排。各供电单位应分级成立领导小组和工作小组，分解目标任务、制订里程碑计划、细化推广实施方案、加强过程管控和考核，同时制定宣传推广方案、舆情防控预案、应急处置预案等配套方案，明确考评指标和奖惩标准，确保推广工作有序、高效开展。

（二）加强支撑，促进高效协同

电科院（省客户服务中心、计量中心）、省信通公司作为公司智能交费业务的技术支撑主体，要落实具体人员责任，切实承担技术支撑职责，充分发挥技术优势，高效支撑公司智能交费业务运营。省客户服务中心要履行公司智能交费业务推广项目实施组日常运行职责，将智能交费业务支撑纳入中心日常工作统一管理、重点安排，做好供电单位业务和技术支撑工作。

（三）完善规则，依法合规实施

各供电单位要结合实际情况，制定完善智能交费客户业扩报装和业务变更、智能交费模式调整、智能交费策略制定、电费测算及复核、电费提醒及预警、远程停复电、应急处置等工作规范；细化签约流程，全面介绍功能特点、预先告知责任义务、确认关键条款，确保智能交费协议签订到位，规避政策和监管风险。

（四）加强培训，防范服务风险

结合智能交费推广，全面普查客户用电基础档案，确保信息真实准确。认真制定培训方案，编写操作手册与客户指南，加强对各级领导、各专业人员及营销营业窗口、现场服务等相关人员的业务培训，统一宣传答复口径，完善智能交费业务知识库，防止因宣传解释不到位引发服务舆情。

（五）落实资金，支撑业务运行

各供电单位要做好智能交费业务推广的资金预算安排，编制专项资金计划并严格落实，重点是落实好智能交费及电e宝宣传、推广及客户激励的营销费用，满足智能交费业务快速推广需求，引导和激励客户全面应用线上交费渠道。电科院（省客户服务中心、计量中心）、省信通公司要协助省公司做好智能交费有关项目储备，提前筹划相关系统优化完善工作，确保系统支撑高效。

（六）及时总结，突出工作成效

智能交费业务是公司电费回收方式和营销管理方式的一次重大创新变革，对提升营销基础管理、促进电费回收、增加公司经营效益有积极作用。各单位要在推广过程中，注意总结工作经验和典型做法，树立基层单位推广标杆，及时分析和总结智能交费业务推广工作成效，挖掘效益增长点和拓展点，积极为公司管理水平和经营效益提升做出新的贡献。